●本书编织图中未注明单位的表示长度的数字均以厘米（cm）为单位。

活泼可爱的色彩，让心情都快乐起来。下针编织为主的连肩袖 V 字领毛衣，从后领窝开始由上而下编织。

使用线：Tweet
编织方法：**34**页

甜美粉色映衬着各色结
粒，花式纱线如同花田般
绚丽多彩。

小装饰领精致时尚，毛衣设计简洁。所用线材特殊，只需简单编织就能呈现配色花样的效果。育克拼接改变编织方向，乐享线材的丰富变化。

使用线：HUSKY
编织方法：**38**页

European

3

hand-knitting

果实造型的浆果针花样胭脂
红色毛衣，圆鼓鼓的立体花样
看着就很诱人。轻柔、保暖，
空气般的触感及穿着感让人
上瘾。

使用线：Julika Mohair
编织方法：36页

清秀的钩织花样，扩口的花边下摆，气泡般隆起的衣袖，以及肩部的羽毛造型点缀，各种浪漫细节打造让人心动的个性款式。

使用线：L'INCANTO no.5，PELAGE
编织方法：**39**页

后领制作开口，方便穿脱。
稍加点心思，美观又实用。

搭配不同打底，很多季节都适
合这种锯齿花样背心。衣领的
装饰绳，可作略显个性的合身
点缀。前后身片颠倒，还能穿
出船领效果。

使用线：ALBA
编织方法：**43**页

European

6

hand-knitting

前开襟的套头衫设计新颖，让人联想到拼布挂毯。后身片和前下摆，统一采用优雅的胭脂红色。

使用线：MILLE COLORI BABY,
　　　Puppy NEW 4PLY
编织方法：47页

织得开心，穿在身上更开心。用羊驼毛线钩织贝雷帽。百搭款式，基础色调，多织几顶也不嫌多。

使用线：Charkha
编织方法：**50**页

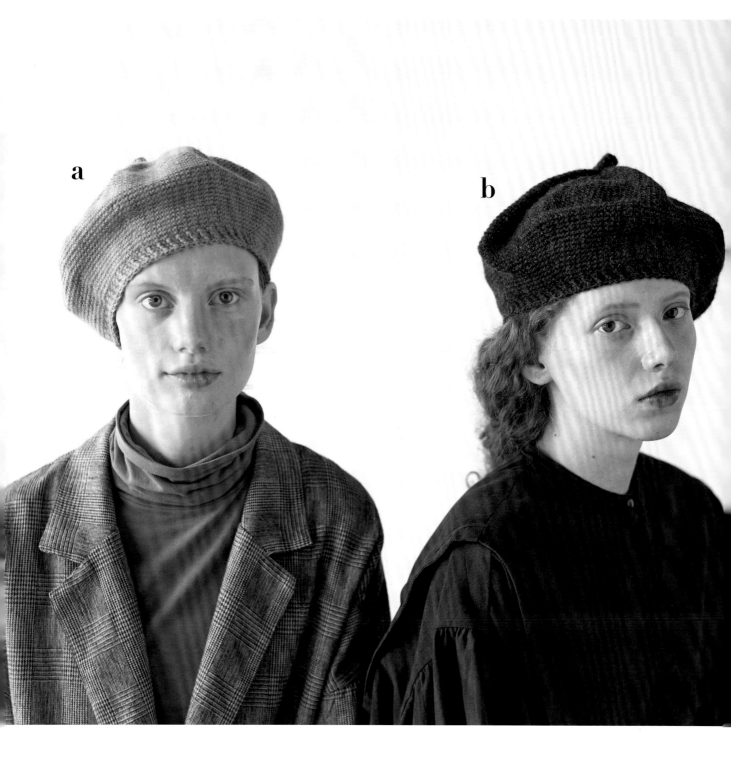

a

b

穿上这款秋色浓郁的毛衣，感受
恬静秋季的到来。开衩设计十分
大胆。穿着舒适，从下摆稍稍露
出打底，让人有应季之感。

使用线：PRINCESS ANNY
编织方法：**52**页

有着精确、规整感觉的优美圆
育克毛衣。从下摆、袖口开始
自下而上编织，身片、衣袖做
环形编织，无须手缝拼接。袖
口的隆起设计，更显女人味。

使用线：Charkha
编织方法：54页

树叶花样的育克犹如精
美褶裥，让人不禁爱上
编织。

方便在附近购物使用的可爱的
打褶迷你包。提手采用交叉花
样，厚实好拿。根据自己当天的
心情选择颜色，给服饰增添色
彩。

使用线：MINI SPORT
编织方法：**56**页

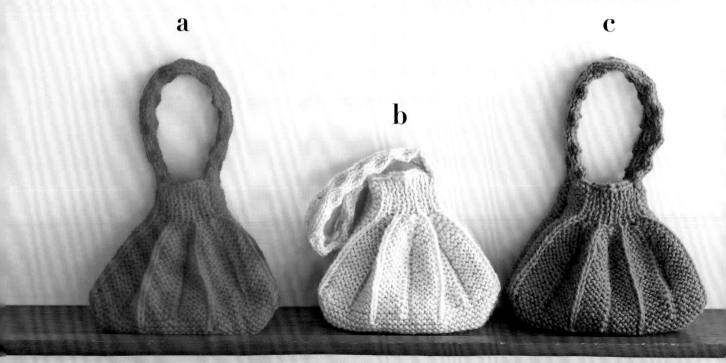

a b c

小花图案搭配蕾丝花样，做成
这款精美开衫，款式设计还带
有一丝甜美。搭配一件漂亮的
打底衬衫，少女感十足又不乏
些许成熟。

使用线：PRINCESS ANNY, LECCE
编织方法：**58**页

手套使用起伏针编织，饰边用线色彩亮丽。织片不分正反面，左右手分别按同样形状编织2片。选择合适的色调编织，还可作为礼物送人。

使用线：BRITISH EROIKA
编织方法：**61**页

a

b

从领窝开始由上而下编织，
插肩线按"3针并1针，1针
放5针"的加针编织花样。
领口、袖口简单收针，追求
极简。

使用线：L'INCANTO no.9
编织方法：64页

阿兰花样斜肩开衫，柔美风、
休闲风都适合。上针为基础，
使复杂交叉的扭针花样清晰浮
现。衣袖上编入树木发芽的花
样。

使用线：QUEEN ANNY
编织方法：**66**页

蓝色使开衫尽显优雅，白
色的纽扣则增添清爽感。

European

15

hand-knitting

让人感受到花样阴影明暗之美的宽松舒适的背心。1针交叉的钻石花样呈网格状排列，身片和育克由单罗纹针接合。后下摆加长，增添流行感。

使用线：Charkha
编织方法：**73**页

将衣领及肩部包裹住的褶皱花样围脖。除了搭配衬衫、针织衫，良好的伸缩性还能使其套在大衣外面。 第14页的迷你包为同款花样。

使用线：monarca
编织方法：**76页**

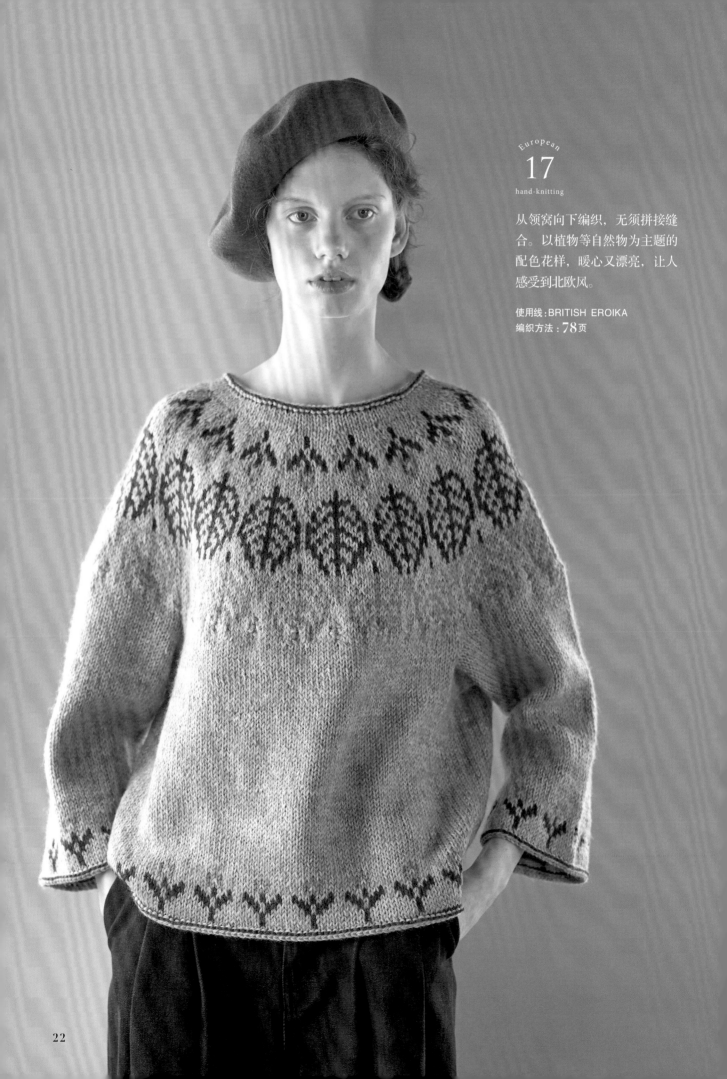

从领窝向下编织，无须拼接缝
合。以植物等自然物为主题的
配色花样，暖心又漂亮，让人
感受到北欧风。

使用线：BRITISH EROIKA
编织方法：**78**页

让人印象深刻的大叶片花样吊肩式毛衣。带有色调淡雅的结粒的粗花呢，让作品呈现出温暖
治愈的素朴风格。

使用线：Soft Douegal
编织方法：**70**页

采用同第9页一样的拼布挂毯风格，设计成长款背心。如同绘画般优美的色彩，让人越织越想织。

使用线：MILLE COLORI BABY，Puppy NEW 4PLY
编织方法：**80**页

花片排列到背部，背影
也让人印象深刻。

European
20
hand-knitting

渐变的华丽色彩分层，搭配
凸点花样编织而成的围脖，
大小方便携带，感到寒意的
时候随时套上，让脖颈温暖，
又显精致。

使用线：MILLE COLORI BABY
编织方法：84页

a   b

可以将裤脚套在里面，松弛的版型让人感到温暖、舒适。拉针做编织花样，平面编织之后缝合侧边制作成筒状。

使用线：Charkha
编织方法：**86**页

a

b

围脖和帽子的合体！给颈部保暖的同时，尽享分层搭配的巴拉克拉法头罩。凸显装饰感，是设计独特的极暖款式。

使用线：Tweet
编织方法：**87**页

a

b

European

23

hand-knitting

柔和色彩搭配霓虹色彩，编织清爽时尚的针织帽。戴上之后不仅自己充满阳光，对面的人也会心情愉悦。

使用线：British Fine
编织方法：**88**页

红色、黄色、绿色结粒散落其中，活泼可爱，搭配蓬松的印染马海毛，织成这款鲜艳时尚的背心。大袖口，最适合搭配各式袖套。

使用线：Tweet
编织方法：**90**页

织成方形的身片接上后领、衣袖，组成编织款式简单的开衫。前身片的凸点花样同第 26 页的围脖一样，从第 1 针开始做"1 针放 5 针，5 针并 1 针"。

使用线：Boboli
编织方法：**92**页

1

2

3

4

5

6

7

8

9

10

11

12

13

14

15

16

17

18

19

线名	成分	粗细	色数	规格	线长	用针号数	标准下针编织密度	特征
1 Tweet	羊毛 40%（使用 100% 超细美利奴羊毛）马海毛 36%（使用 100% 超级幼羔马海毛）尼龙 13% 棉 11%	极粗	6	40g/团	95m	10~12 号	12~13 针 16~17 行	精美且轻柔感十足，蓬松且格外可爱的花色纱线。从小物件到衣物，尽享线材本身质朴的编织乐趣
2 Charkha	羊驼毛 100%（使用 100% 羔羊驼毛）	粗	5	50g/团	100m	4~6 号	21~22 针 27~28 行	羔羊驼毛线特有的温润柔滑触感，以及艳丽自然色调、贴身垂感是其魅力所在。色彩方面，均为易于搭配的自然色彩
3 LECCE	羊毛 90% 马海毛 10%	中细	8	40g/团	160m	4~6 号	24~25 针 30~31 行	优质马海毛原料段染成 7 种颜色，2 种一组搭配纺织而成的多色混纺段染线
4 L' INCANTO no.5	羊毛 100%	粗	5	40g/团	124m	5~7 号	22~23 针 30~31 行	5 种基础色调的粗线。柔软中带有适度弹力，易于织出手感、舒适感兼备的优美织片。最适合阿兰花样、底色花样、蕾丝等
5 BRITISH EROIKA	羊毛 100%（使用 50% 以上英国羊毛）	极粗	35	50g/团	83m	8~10 号	15~16 针 21~22 行	以英国羊毛的弹力及张力为基础，增加柔韧性及柔软度。粗细合适，易于编织，初学者、编织迷都适合的常用线
6 MINI SPORT	羊毛 100%	极粗	28	50g/团	72m	8~10 号	16~17 针 21~22 行	有弹性、舒适型的平直毛线。易于编织、弹性十足是其特点，是很受欢迎的毛线
7 Soft Douegal	羊毛 100%	中粗	10	40g/团	75m	8~10 号	15~16 针 23~24 行	爱尔兰多尼戈尔地区的传统粗花呢线。结粒也均使用羊毛制作，是一种张力适度、易于编织的线
8 L' INCANTO no.9	羊毛 100%	极粗	5	50g/团	83m	10~12 号	16~17 针 22~23 行	有 5 种基础色调的极粗线。柔软中带有适度弹性，易于织出手感、舒适感兼备的优美织片。最适合阿兰花样、底色花样等
9 MILLE COLORI BABY	羊毛 100%（使用 100% 细美利奴羊毛）	中细	8	50g/团	190m	3~5 号	25~26 针 32~33 行	拥有多彩的色调，以及 100% 细美利奴羊毛的质感，是从小物件到衣物均适用的中细线
10 British Fine	羊毛 100%	中细	40	25g/团	116m	3~5 号	25~26 针 33~34 行	英国产的柔韧经典平直毛线。偏细的中细线，单根或多根都能轻松编织
11 monarca	羊驼毛 70% 羊毛 30%	极粗	10	50g/团	89m	8~10 号	17~18 针 23~24 行	是大量使用优质羊驼毛，能织出舒适织片的极粗线。织片带有柔软触感及光泽感，成品效果精美、优雅
12 ALBA	羊毛 100%（使用 100% 极细美利奴羊毛）	粗	20	40g/团	105m	6~7 号	23~24 针 31~32 行	100% 使用美利奴羊毛中最高品质的极细美利奴羊毛。柔滑触感及优美光泽是其特点
13 HUSKY	羊毛 50%（使用 100% 极细美利奴羊毛）腈纶 50%	粗	9	100g/团	300m	6~8 号	19~20 针 28~29 行	能自然呈现如同配色般色彩的独特毛线。素朴的感觉，也能织出适合自己的风格
14 Puppy NEW 4PLY	羊毛 100%（防缩加工）	中细	32	40g/团	150m	2~4 号	28~29 针 36~37 行	防缩加工，手感、颜色、功能性均优越的线材。此外，还有 32 色的丰富色调
15 PRINCESS ANNY	羊毛 100%（防缩加工）	粗	35	40g/团	112m	5~7 号	21~22 针 28~29 行	让人爱不释手的经典毛线。配色、底色花样等均适合
16 QUEEN ANNY	羊毛 100%	中粗	55	50g/团	97m	6~7 号	19~20 针 27~28 行	以自然、柔软、弹力大及底色醇厚为特点。配色丰富，是一种方便使用的毛线
17 Julika Mohair	马海毛 86%（使用 100% 超级幼羔马海毛）羊毛 8%（使用 100% 极细美利奴羊毛）尼龙 6%	中粗	14	40g/团	102m	8~10 号	15~16 针 20~21 行	以超级幼羔马海毛、极细美利奴羊毛等高级线材为原料，织片轻柔、触感上佳是其特点
18 Boboli	羊毛 58% 马海毛 25% 桑蚕丝 17%	粗	14	40g/团	110m	5~7 号	22~23 针 28~29 行	纺织时控制"桑蚕丝"质感，强调阴影。具有光泽感和各种材质的绝妙协调之美，是一种精美的万能毛线
19 PELAGE	羊驼毛 63%（使用羔羊驼毛）尼龙 26% 羊毛 11%	极粗	8	50g/团	88m	12~14 号	10~11 针 16~17 行	以柔软的触感及细腻的混合色为特点的高级花色纱线。纤细、蓬松，格外特别

●线的粗细仅供参考，标准下针编织密度为毛线厂商提供的数据。

作品的编织方法

1 | 2页

●**材料** Tweet（极粗）粉色系混合段染（1801）
210g/6团

●**工具** 棒针11号

●**成品尺寸** 胸围100cm，衣长58cm，连肩袖长77.5cm

●**编织密度** 10cm×10cm 面积内：下针编织
12针，17行

●**编织要点** **衣领** 手指挂线起针，做下针编织，编织终点休针。**育克** 参照图示从衣领开始挑针，做下针编织。斜肩如图所示，按扭针加针编织。前领窝立起侧边4针，同样编织加针。从第31行开始，环形编织。**前后身片** 从育克挑针，侧面的6针卷针起针，环形做下针编织。接着编织单罗纹针，编织终点对齐针目之后做伏针收针。**衣袖** 同身片一样，从育克和身片的侧面挑针，环形编织。袖下立起1针之后，左右对称减针。接着编织单罗纹针，编织终点对齐针目之后做伏针收针。左右衣袖用同样方法编织。

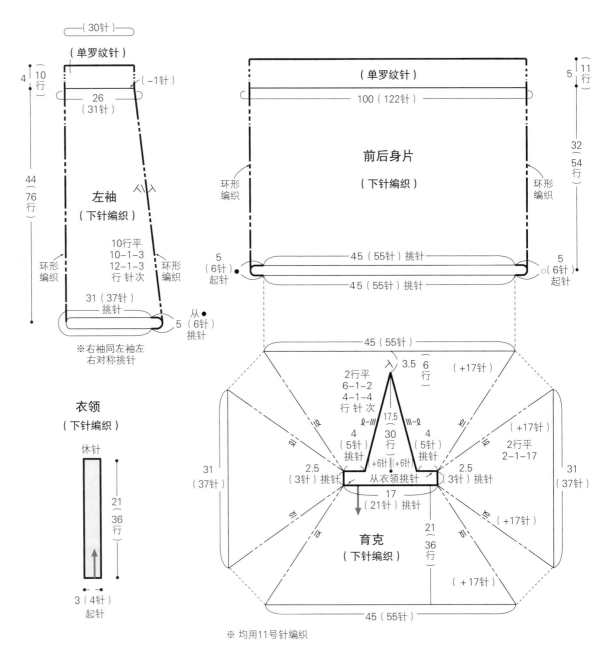

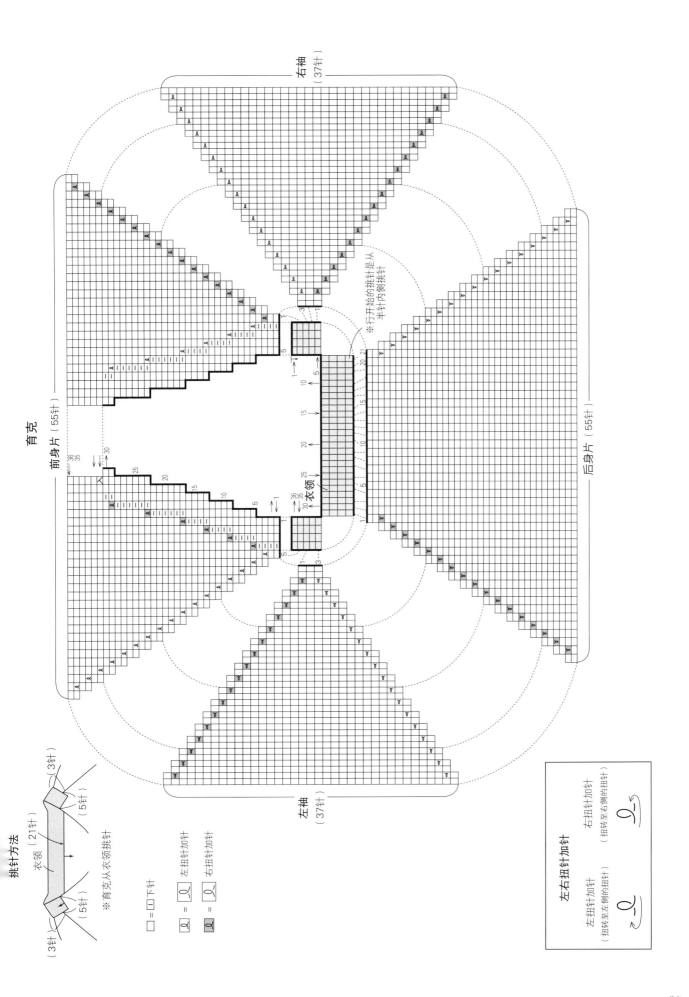

●**材料** Julika Mohair（中粗）胭脂红色
（314）210g／6团
●**工具** 棒针10号
●**成品尺寸** 胸围110cm，后衣长53.5cm，
前衣长48.5cm，连肩袖长52cm
●**编织密度** 10cm×10cm 面积内：下
针编织、上针编织均为13针，18行；编
织花样16.5针，18行
●**编织要点** 编织花样将上针侧用作正
面。**后身片** 共线锁针起针，第1行挑起
锁针的里山，从双罗纹针开始编织。接着
在中央布置编织花样，两侧做下针编织。
领窝编织伏针和立起侧边1针减针，肩部休
针。**前身片** 同后身片一样起针，领窝在
中央休针，编织伏针和立起侧边1针减针，
肩部休针。**衣袖** 另线锁针起针，中央做
编织花样，两侧做上针编织，第36行减
针。**组合** 肩部将前后身片正面相对对
齐，做引拔接合。衣领编织双罗纹针，对
齐针目之后做伏针收针。衣袖引拔缝合于
身片。胁部和袖下做挑针缝合，胁部留下
开衩。

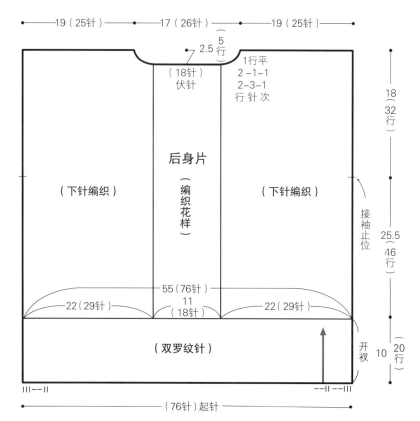

19（25针）　17（26针）　19（25针）

2.5 { 5行

（18针）
伏针

1行平
2-1-1
2-3-1
行 针 次

后身片

（下针编织）　（编织花样）　（下针编织）

18（32行）

接袖止位

25.5（46行）

55（76针）
11（18针）

22（29针）　22（29针）

（双罗纹针）

开衩

10（20行）

（76针）起针

※ 均用10号针编织

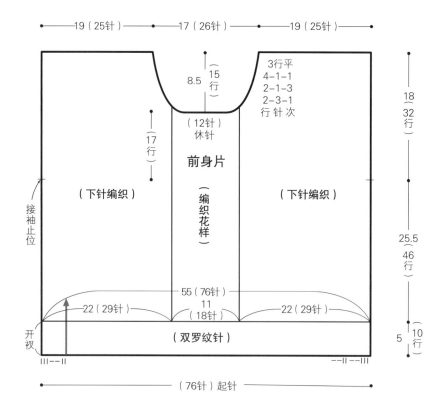

19（25针）　17（26针）　19（25针）

8.5 { 15行

3行平
4-1-1
2-1-3
2-3-1
行 针 次

（17行）

（12针）
休针

前身片

（下针编织）　（编织花样）　（下针编织）

接袖止位

18（32行）

25.5（46行）

55（76针）
11（18针）

22（29针）　22（29针）

（双罗纹针）

开衩

5 { 10行

（76针）起针

编织花样

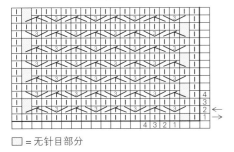

□ = 无针目部分

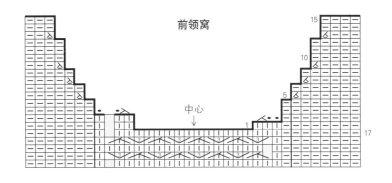

前领窝

中心

□ = 无针目部分

※ 编织图是从反面看的图

衣袖减针（34针）

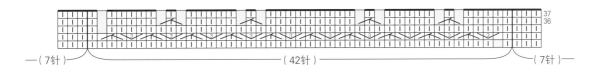

—（7针）— ——————（42针）—————— —（7针）—

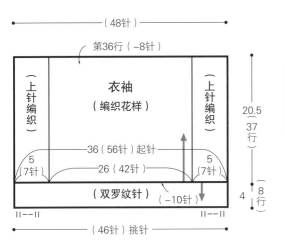

—（48针）—

第36行（-8针）

（上针编织） 衣袖 （编织花样） （上针编织）

20.5（37行）

36（56针）起针
5（7针）
26（42针）
5（7针）

（双罗纹针） （-10针）

4（8行）

‖--‖ ‖--‖

—（46针）挑针—

衣领 （双罗纹针）

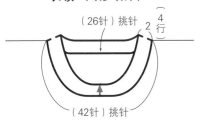

（26针）挑针 2（4行）

（42针）挑针

双罗纹针

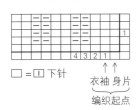

□ = □ 下针

衣袖 身片
编织起点

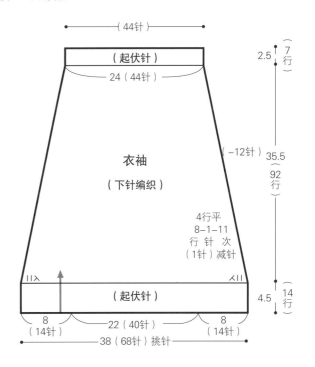

★接38页作品2

—（44针）—

（起伏针）

24（44针）
2.5（7行）

衣袖
（下针编织）

（-12针） 35.5（92行）

4行平
8-1-11
行 针 次
（1针）减针

（起伏针）
4.5（14行）

8　22（40针）　8
（14针）　　　（14针）
—38（68针）挑针—

2

2 | **4**页

●**材料** HUSKY(粗)紫色＋卡其色系段染(795) 260g / 3团

●**工具** 棒针7号

●**成品尺寸** 胸围94cm，肩宽47cm，衣长56cm，袖长42.5cm

●**编织密度** 10cm×10cm 面积内：下针编织18针，26行；起伏针18针，30行

●**编织要点** **后身片** 胁部另线锁针起针，挑起锁针的里山，横向做无加减针的下针编织。在接袖止位用毛线做记号。育克和下摆的起伏针如图所示

挑针编织，下摆做伏针收针。领窝做伏针减针，肩部做引返编织，休针。**前身片** 同后身片一样针，按同样技法编织。领窝编织伏针和立起侧边针减针。**衣袖** 肩部将前后身片正面相对对齐，做引拔接合之后，从前后身片挑针，编织14行起伏针。接着做下针编织，袖下立起侧边2针减针，袖口编织起伏针，做伏针收针。**组合** 衣领从前后领窝挑针，做下针编织，编织终点从反面做伏针收针。下摆的起伏针做挑针缝合，胁部做盖针缝合。袖下做挑针缝合。

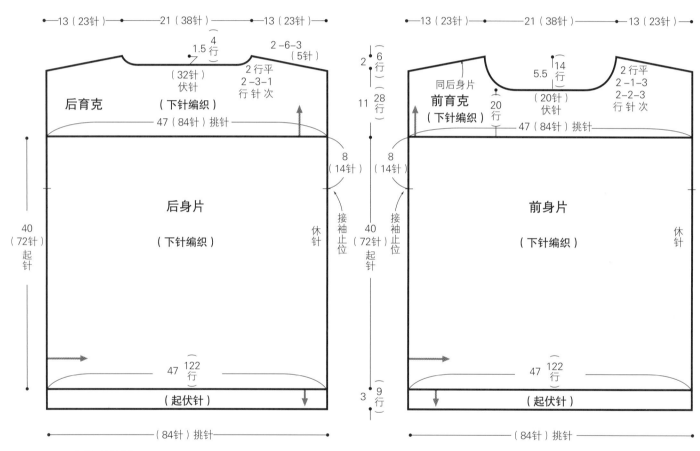

※ 均用7号针编织

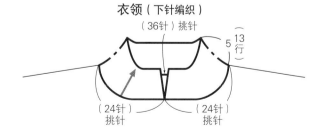

衣领（下针编织）

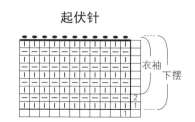

起伏针

★衣领的编织图见 37 页

●**材料** L'INCANTO no.5(粗)米白色(501) 390g/10团，PELAGE(极粗)米白色(811) 20g/1团，直径1cm纽扣4颗

●**工具** 钩针6/0号

●**成品尺寸** 胸围94cm，肩宽29cm，衣长 49.5cm，袖长33cm

●**编织密度** 10cm×10cm面积内：编织花样 B20.5针，10.5行

●**编织要点** **后身片** 锁针起针，挑起锁针的半 针和里山的2根线，按编织花样A、B编织。袖 窿参照图2减针，后领开口和领窝参照图1减针。 下摆做边缘编织。**前身片** 同后身片一样起针，

按相同要领编织。领窝参照图3编织。**衣袖** 同 身片一样起针，按编织花样B编织。袖下和袖山 参照图4，编织加减针。袖口参照图示挑针，编织 5行短针。**组合** 肩部将前后身片正面相对对齐， 做"引拔针1针、锁针1针"的锁针接合。从肩部 和前后袖窿位置挑针，按编织花样C编织。胁部、 袖下做"引拔针1针、锁针3针"的锁针接合。衣 领从前后领窝挑针，按编织花样D编织7行。接 着编织1行后领开口，短针编织衣领的第8行。 衣袖引拔缝合于身片，袖山的2处打褶。后领开 口的右侧缝上纽扣。

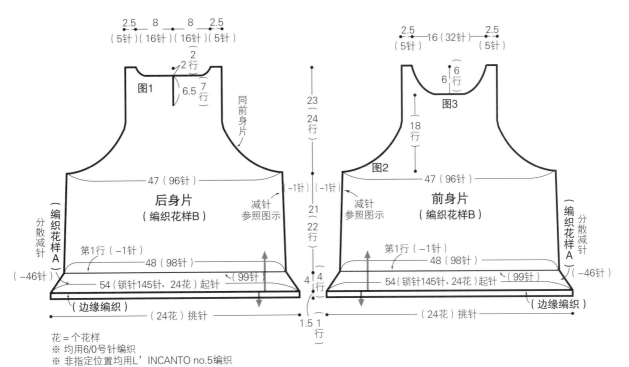

花 = 个花样
※ 均用6/0号针编织
※ 非指定位置均用L'INCANTO no.5编织

袖山打褶方法

衣领（编织花样D）

编织花样A、B和边缘编织

编织花样D（衣领）

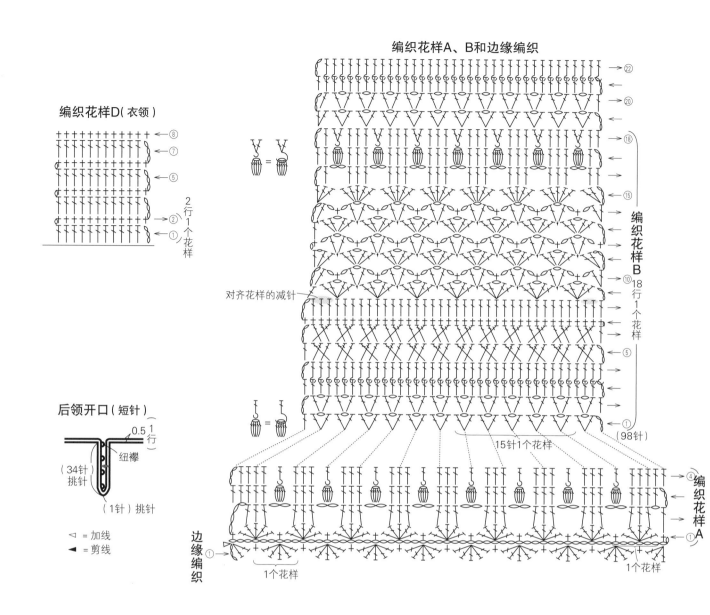

编织花样B
18行1个花样

编织花样A

15针1个花样

边缘编织

1个花样

1个花样

（98针）

对齐花样的减针

2行1个花样

后领开口（短针）

0.5
1行
纽襻
（34针）
挑针
（1针）挑针

◁ = 加线
◀ = 剪线

纽襻（后领开口）

Ω = 锁针5针的
狗牙针
（纽襻）

+ =

衣领的第8行

（7针）

（8针）

（8针）

（5针）

图1 后领窝

衣领的第1行

后领开口

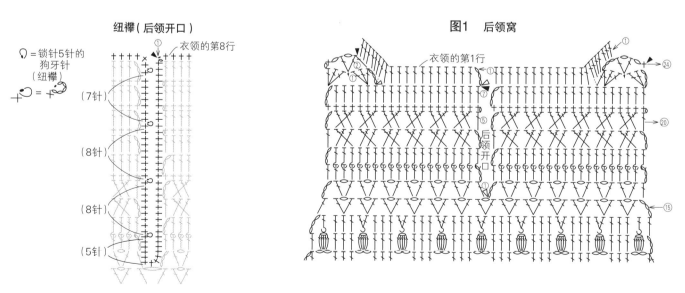

编织花样C

(75针)

(12针)

PELAGE
③
②
①

⑥ ⑥ ④
①②

(107针）挑针

(12针)

(75针）

图3　前领窝

▷ = 加线
▼ = 剪线
⌒ = 渡线

衣领的第1行
肩山
②④
②⑩
①⑤

中心

袖窿

袖窿的第1行
⑤

图2
袖窿

①
②②
②⑩
①⑤
(96针)

肩部、袖窿（编织花样C）

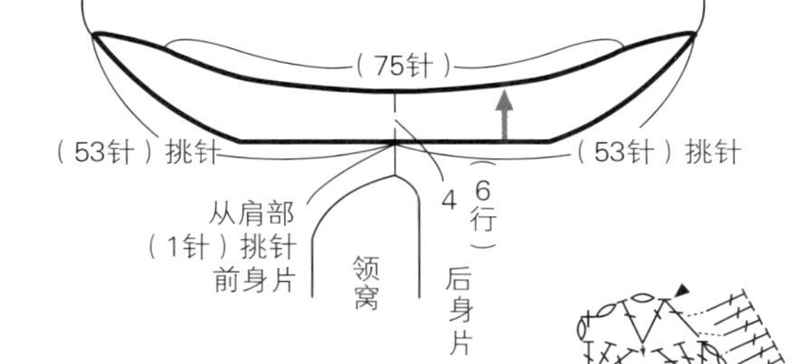

(53针)

4 6
行

(75针)

后身片

领窝

从肩部
(1针）挑针

前身片

(53针）挑针

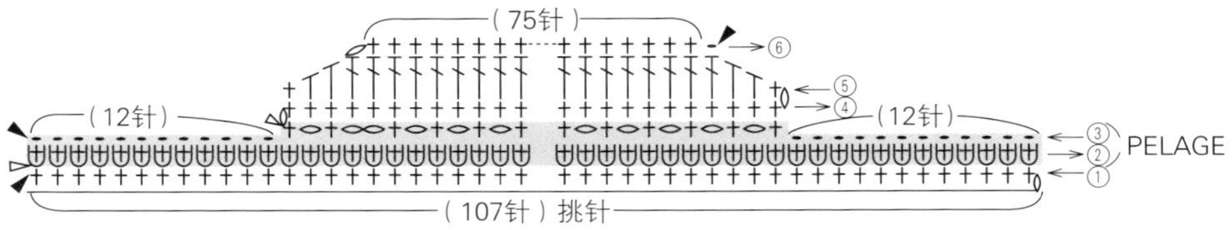

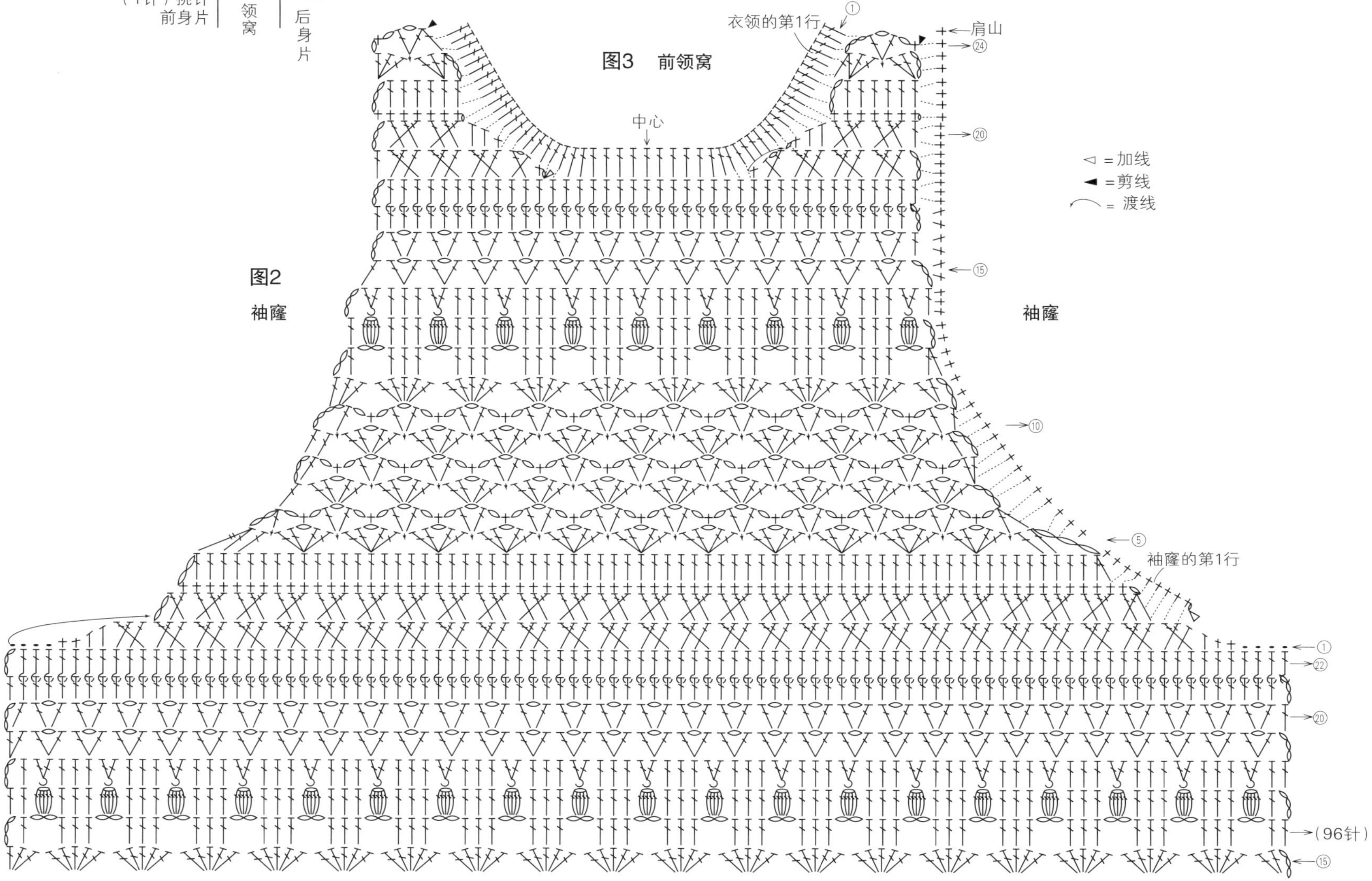

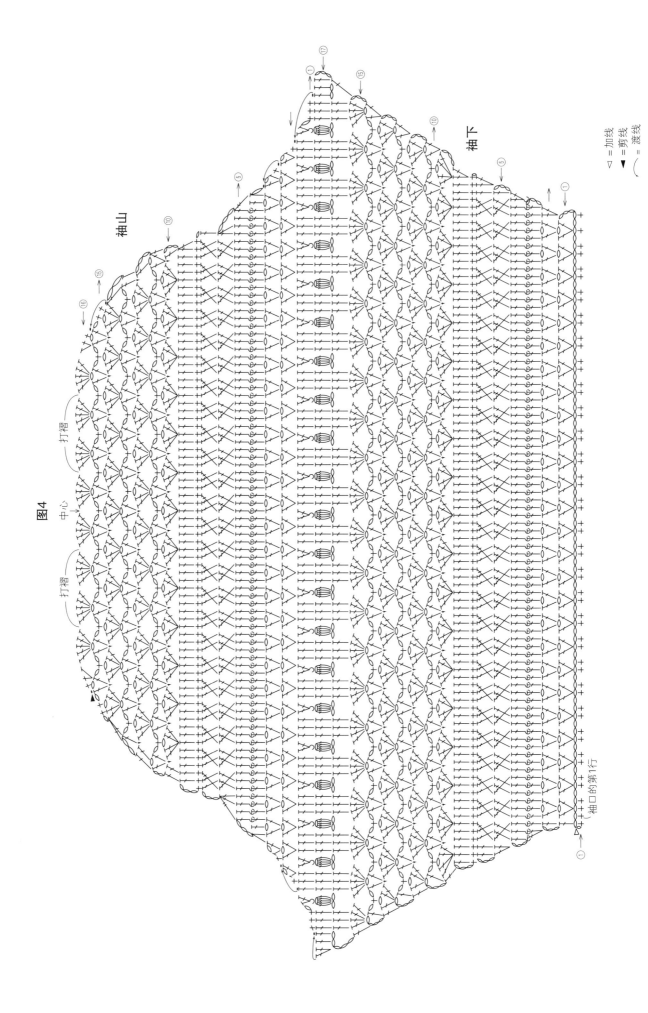

图4

袖山

中心

打褶

打褶

袖下

袖口的第1行

▷ = 加线
▲ = 剪线
⌒ = 渡线

●**材料** ALBA（粗）米褐色（1087）280g／7团

●**工具** 钩针6/0号

●**成品尺寸** 胸围96cm，肩宽36cm，衣长57cm

●**编织密度** 编织花样1个花样8cm，10cm12行

●**编织要点 后身片** 锁针起针。从下摆开始，按编织花样编织。挑起锁针的半针和里山，编织第1行。分别参照图示，编织胁部的减针、领窝、袖窿、肩部。**前身片** 同后身片一样起针，参照图3，V字领窝先编织有线的左侧。右侧加线编织。**组合** 肩部将前后身片正面相对对齐，做半针的卷针缝。胁部做挑针缝合。袖口、领口做边缘编织。编织2根绳子，缝于图示位置。

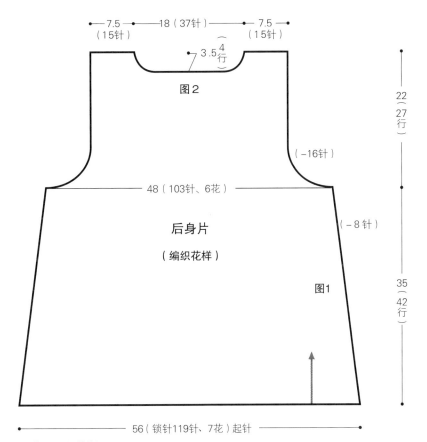

― 7.5 ― ← 18（37针）→ ― 7.5 ―
（15针）   （15针）

3.5 4/行

图2

（-16针）

48（103针、6花）

后身片

（编织花样）

图1

22（27行）

35（42行）

56（锁针119针、7花）起针

※ 均用6/0号针编织
花＝个花样

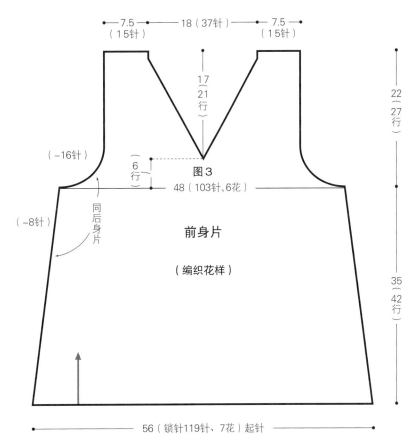

― 7.5 ― ← 18（37针）→ ― 7.5 ―
（15针）   （15针）

17（21行）

（-16针）

6/行

图3

48（103针、6花）

（-8针）

同后身片

前身片

（编织花样）

22（27行）

35（42行）

56（锁针119针、7花）起针

编织花样

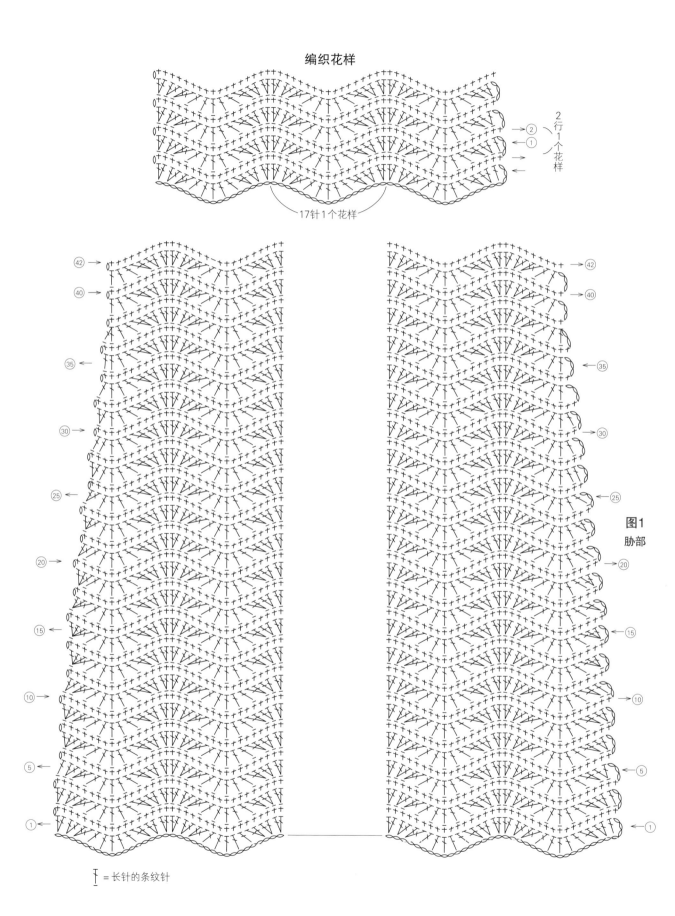

图1
胁部

=长针的条纹针

44

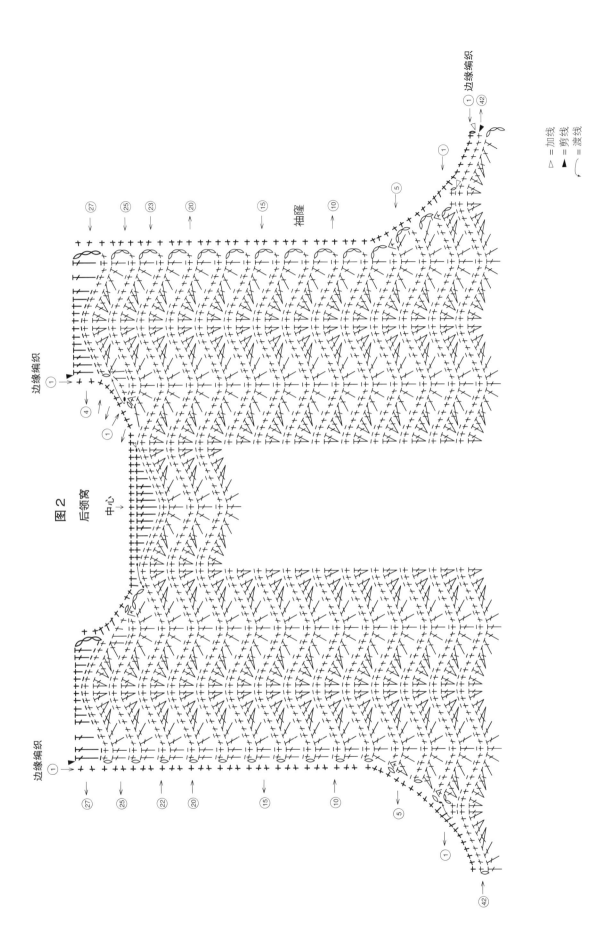

図2

边缘编织

边缘编织

后领窝

中心

袖窿

边缘编织

边缘编织

△ = 加线
▲ = 剪线
⌒ = 渡线

图3
前领窝

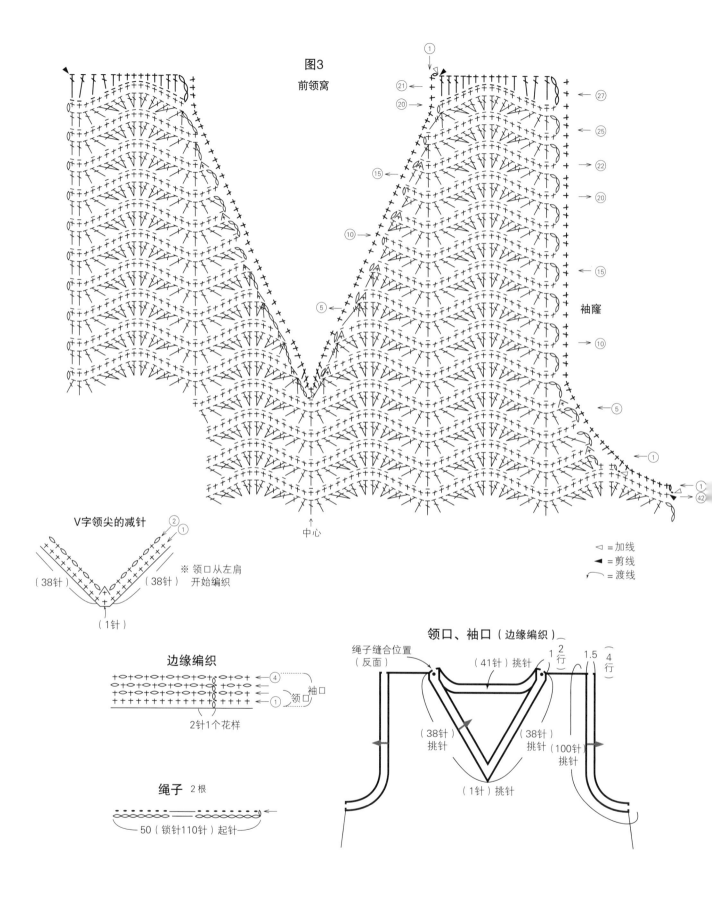

袖窿

中心

V字领尖的减针

※ 领口从左肩
开始编织

（38针）　　（38针）

（1针）

◁ = 加线
◤ = 剪线
⌒ = 渡线

边缘编织

←④
←②
←①
领口　袖口

2针1个花样

绳子 2根

50（锁针110针）起针

领口、袖口（边缘编织）

绳子缝合位置
（反面）

（41针）挑针

1
2行
1
1.5
4行

（38针）
挑针

（38针）
挑针

（100针）
挑针

（1针）挑针

●**材料** MILLE COLORI BABY(中细)粉色系+蓝色系+褐色系多色混合(053)120g/3团，Puppy NEW 4PLY(中细)胭脂红色(460)170g/5团

●**工具** 钩针5/0号

●**成品尺寸** 胸围100cm，后衣长47.5cm，前衣长42.5cm，连肩袖长28cm

●**编织密度** 花片1片12.5cm×12.5cm，10cm×10cm面积内：编织花样26针，18行

●**编织要点** **后身片** 锁针起针，第1行挑起锁针的半针和里山，按编织花样编织。领窝参照图1

编织。**前身片** 整体制作连续花片。花片使用线头制作线环起针。第1行立起3针锁针，编织4次"锁针3针、长针3针"。第2行如图所示环形编织，第3行开始每边编织3行。接着编织下一条边。按相同要领，编织至第26行。编织12片花片，花片之间做卷针缝缝合。**后领** 从后领窝挑针，按编织花样编织。**组合** 做卷针缝缝合肩部、后领(△、▲)。按编织花样编织前下摆、袖口、衣领。领端右侧朝上重叠，做卷针缝缝合于花片(●、○)。袖口下、胁部留下开衩，做卷针缝缝合。

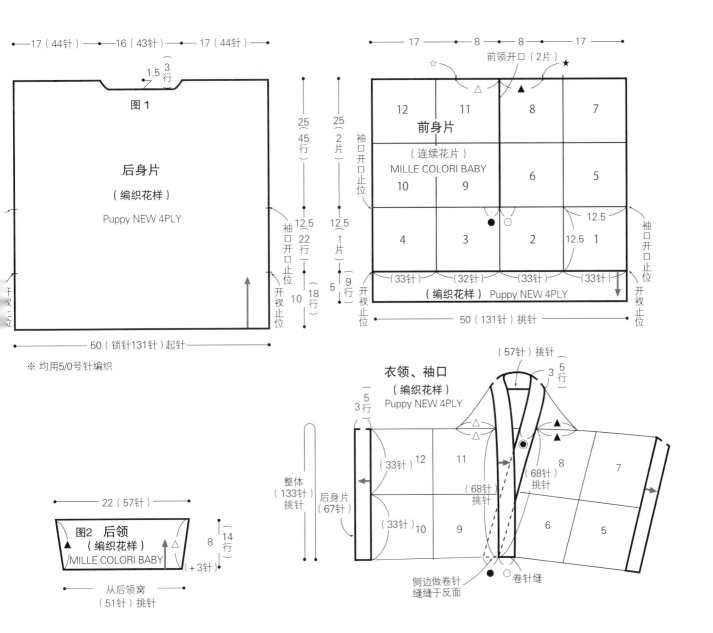

图1

后身片
（编织花样）
Puppy NEW 4PLY

※ 均用5/0号针编织

图2 后领
（编织花样）
MILLE COLORI BABY
从后领窝（51针）挑针

前身片
（连续花片）
MILLE COLORI BABY

（编织花样）Puppy NEW 4PLY

衣领、袖口
（编织花样）
Puppy NEW 4PLY

侧边做卷针缝缝合于反面
● ○ 卷针缝

花片（12片）

编织花样

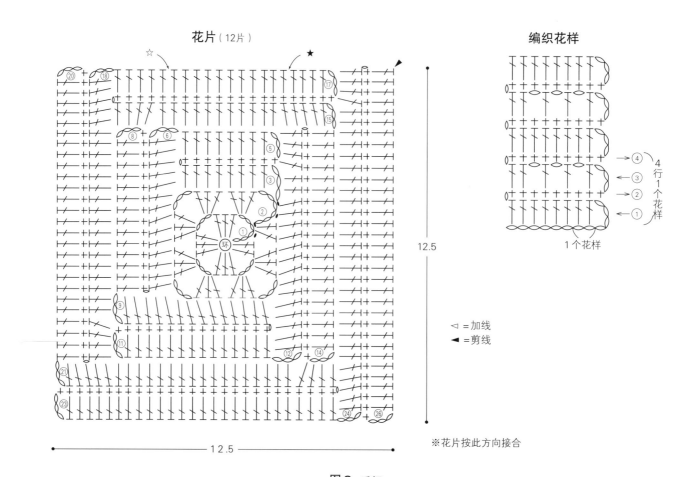

4行1个花样

1个花样

12.5

12.5

◁ =加线
◀ =剪线

※花片按此方向接合

图2 后领

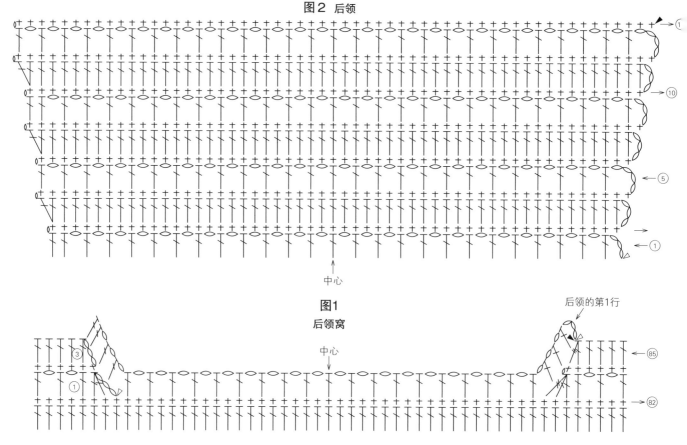

中心

图1
后领窝

中心

后领的第1行

48

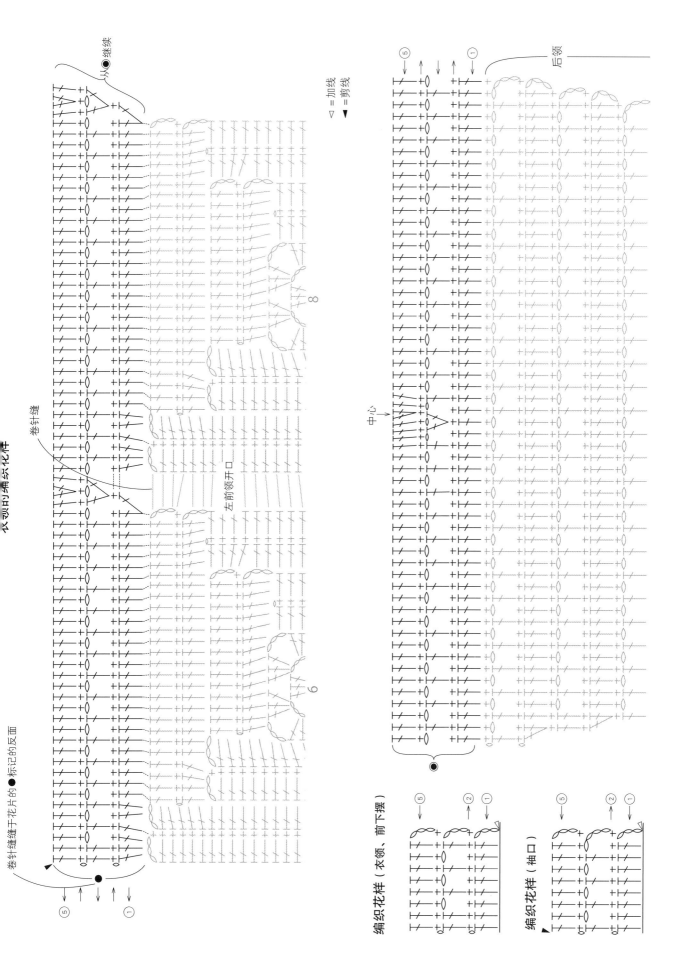

衣领的编织花样

卷针缝

从●继续

卷针缝缝于花片的反面

标记的反面

卷针缝缝于花片的

▷ = 加线

▼ = 剪线

后领

中心→

左前领开口

编织花样（衣领、前下摆）

编织花样（袖口）

49

7 | 10页

- **●材料** a/Charkha(粗)米色(50)120g/3团，b/Charkha(粗)黑灰色(75)120g/3团
- **●工具** 钩针6/0号、5/0号
- **●成品尺寸** 头围54cm，帽深21cm
- **●编织密度** 10cm×10cm 面积内：短针20针，22行

●编织要点 从帽顶开始编织。锁针环形起针，挑起锁针的半针和里山，编织短针。如图所示加减针，编织44行。接着，编织3行边缘编织。隔开1针将起针剩余的半针（●）挑起，收拢帽顶。装饰是将起针剩余半针（△）挑起8针，按短针编织5行。

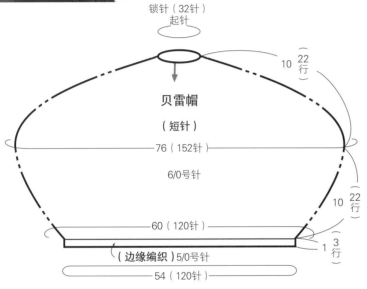

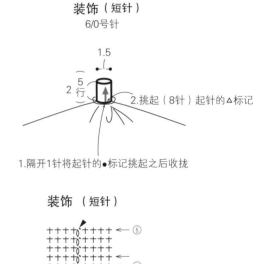

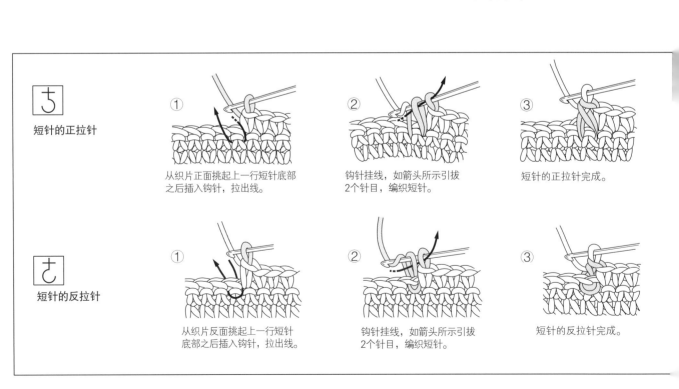

贝雷帽

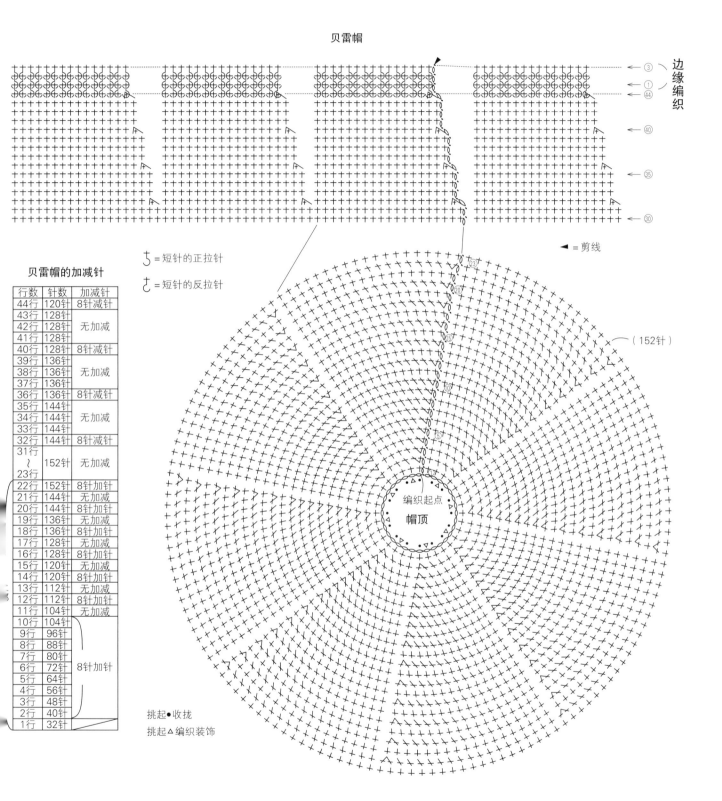

边缘编织 → ③
→ ①
→ ④④

→ ④⓪
→ ③⑤
→ ③⓪

ち = 短针的正拉针

ζ = 短针的反拉针

◀ = 剪线

贝雷帽的加减针

行数	针数	加减针
44行	120针	8针减针
43行	128针	无加减
42行	128针	
41行	128针	
40行	128针	8针减针
39行	136针	无加减
38行	136针	
37行	136针	
36行	136针	8针减针
35行	144针	无加减
34行	144针	
33行	144针	
32行	144针	8针减针
31行 ～ 23行	152针	无加减
22行	152针	8针加针
21行	144针	无加减
20行	144针	8针加针
19行	136针	无加减
18行	136针	8针加针
17行	128针	无加减
16行	128针	8针加针
15行	120针	无加减
14行	120针	8针加针
13行	112针	无加减
12行	112针	8针加针
11行	104针	无加减
10行	104针	
9行	96针	
8行	88针	
7行	80针	
6行	72针	8针加针
5行	64针	
4行	56针	
3行	48针	
2行	40针	
1行	32针	

（152针）

编织起点
帽顶

挑起●收拢

挑起△编织装饰

●**材料** PRINCESS ANNY(粗)驼色(528)440g/11团

●**工具** 棒针6号、5号

●**成品尺寸** 胸围104cm，后衣长59cm，前衣长49cm，连肩袖长67cm

●**编织密度** 10cm×10cm面积内：下针编织21针，30行；编织花样28针，30行

●**编织要点 后身片** 另线锁针起针，第1行挑起锁针的里山，两侧按下针编织，中央按编织花样编织。袖窿立起侧边1针加针，领窝中央的针目参照图示减针的同时做伏针收针。领窝立起侧边1针减针，肩部做引返编织，休针。**前身片** 同后身片一样起针，按相同要领编织。**衣袖** 肩部正面相对对齐，做引拔接合之后，从前后袖窿挑针编织。袖下立起侧边2针减针。袖口的单罗纹针平均减15针。最终行对齐针目，做伏针收针。**组合** 衣领按单罗纹针编织，做伏针收针。胁部、袖下做挑针缝合。

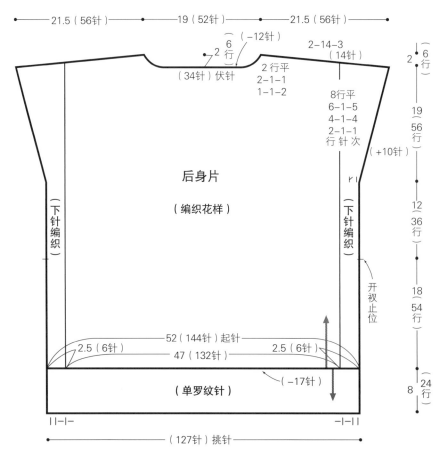

后身片
（编织花样）

21.5（56针）　19（52针）　21.5（56针）

（34针）伏针
2行平
2行
2针
（−12针）
2-14-3（14针）
2行平
2-1-1
1-1-2
8行平
6-1-5
4-1-4
2-1-1
行针次

（+10针）

2 6行
19 56行
12 36行
18 54行
8 24行

下针编织
下针编织
开衩止位

52（144针）起针
47（132针）
2.5（6针）　2.5（6针）
（−17针）

（单罗纹针）

（127针）挑针

※ 非指定位置均用6号针编织

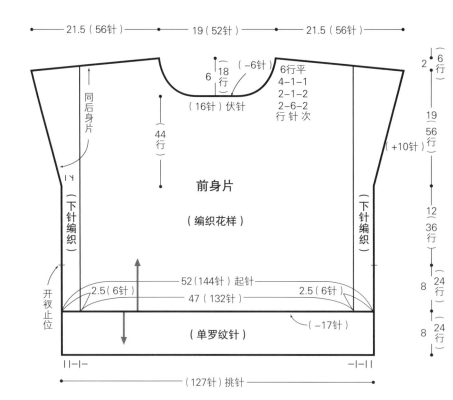

前身片
（编织花样）

21.5（56针）　19（52针）　21.5（56针）

（16针）伏针
6
18行
（−6针）
6行平
4-1-1
2-6-2
行针次

同后身片

44行

2 6行
19 56行
12 36行
8 24行
8 24行

（+10针）

下针编织
下针编织

开衩止位

52（144针）起针
47（132针）
2.5（6针）　2.5（6针）
（−17针）

（单罗纹针）

（127针）挑针

编织花样

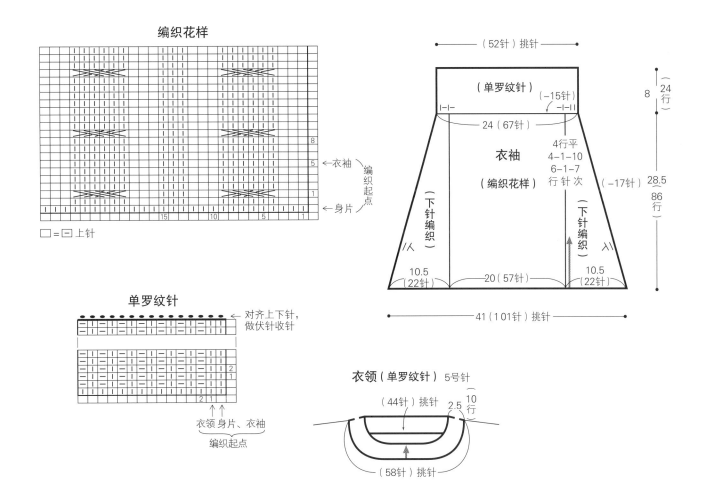

□ = □ 上针

单罗纹针

衣领 身片、衣袖
编织起点

（52针）挑针

（单罗纹针）　（-15针）
24（67针）
衣袖
（编织花样）　4行平
4-1-10
6-1-7
行　针次　（-17针）
（下针编织）
（下针编织）
10.5　20（57针）　10.5
（22针）　　　　（22针）
41（101针）挑针

8 { 24行 }

28.5 { 86行 }

衣领（单罗纹针）5号针
（44针）挑针　2.5 { 10行 }
（58针）挑针

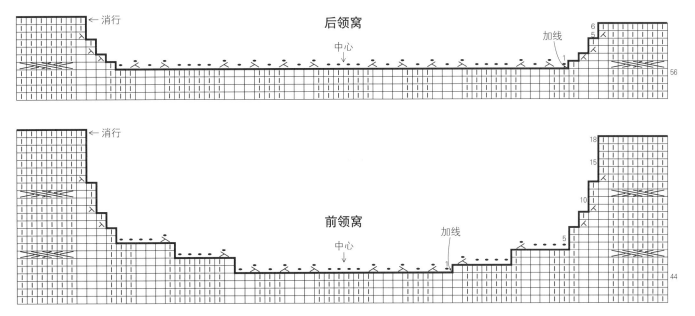

后领窝

消行　中心　加线

前领窝

消行　中心　加线

人 入 = 2针并1针的伏针收针

●**材料** Charkha(粗)灰色(41)425g/9团
●**工具** 棒针5号
●**成品尺寸** 胸围92cm，衣长49.5cm，连肩袖长72cm
●**编织密度** 10cm×10cm面积内：下针编织22针，28行；编织花样B 22针，32行
●**编织要点** **前后身片** 手指挂线起针，环形编织，从下摆开始按编织花样A编织。接着，下针编织胁长。侧面休针之后，加上前后差分别编织前后身片，休针。**衣袖** 另线锁针起针，环形做下针编织，袖下做2针并1针的减针。袖口松开另线锁针，挑起针目按编织花样A编织，对齐针目之后做伏针收针。**育克** 从前后身片、衣袖挑针，参照图示做编织花样B，分散减针。接着按编织花样A编织衣领，对齐针目之后做伏针收针。**组合** 侧面的针目做下针接合，并做针和行的接合。

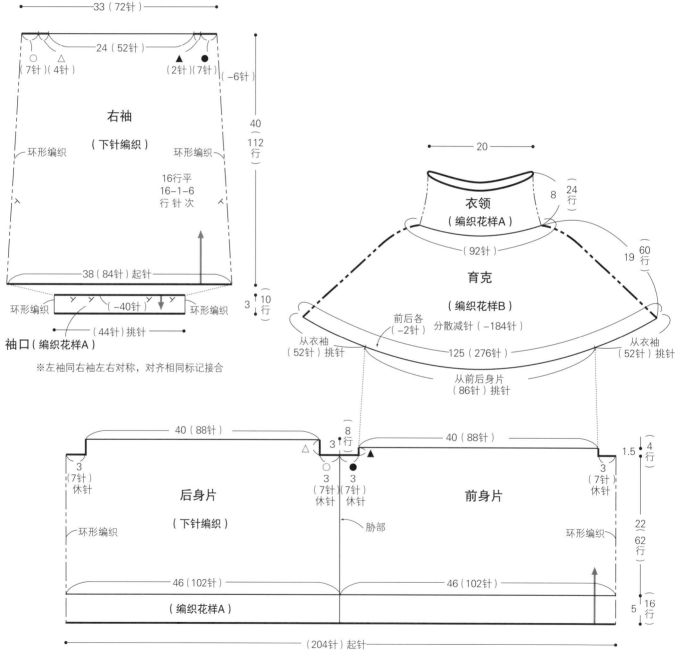

33（72针）

24（52针）

○（7针）△（4针）　▲（2针）●（7针）（−6针）

右袖
（下针编织）

环形编织　　　　环形编织

40（112行）

16行平
16−1−6
行针次

38（84针）起针

3（10行）

环形编织（−40针）环形编织

（44针）挑针

袖口（编织花样A）

※左袖同右袖左右对称，对齐相同标记接合

20

衣领
（编织花样A）

8（24行）

（92针）

19（60行）

育克
（编织花样B）

前后各（−2针）分散减针（−184针）

从衣袖（52针）挑针

125（276针）

从衣袖（52针）挑针

从前后身片（86针）挑针

40（88针）　　　　　　　　8（3行）　　　40（88针）

1.5（4行）

△　　　　　　　　　　　▲

3（7针）休针　　　○　●　　　　　　　　　　　　　　3（7针）休针

3（7针）休针　3（7针）休针

后身片
（下针编织）

前身片

胁部

环形编织　　　　　　　　　　　　　　　　　环形编织

22（62行）

46（102针）　　　　　　46（102针）

（编织花样A）

5（16行）

（204针）起针

※均用5号针编织

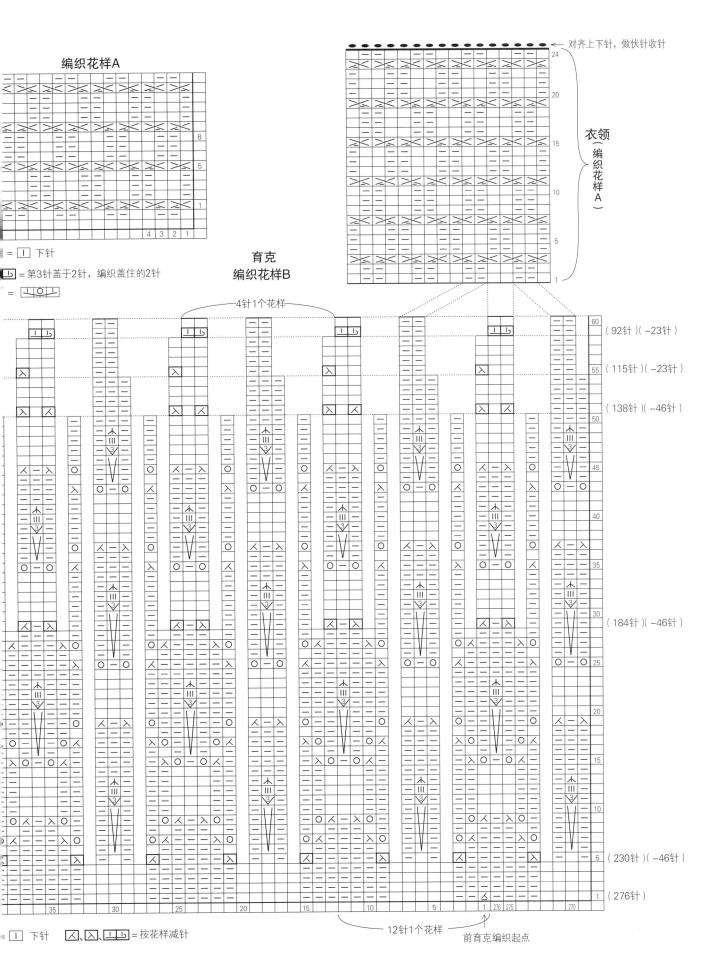

编织花样A

育克
编织花样B

4针1个花样

衣领
（编织花样A）

= □ 下针

□ = 第3针盖于2针，编织盖住的2针

= 对齐上下针，做伏针收针

（92针）（−23针）
（115针）（−23针）
（138针）（−46针）
（184针）（−46针）
（230针）（−46针）
（276针）

12针1个花样
前育克编织起点

= □ 下针   ⋋、⋌、□ =按花样减针

55

10 | 14页

●材料 a/MINI SPORT(极粗)红色(724)
90g/2团,b/MINI SPORT(极粗)原白色(700)
90g/2团,c/MINI SPORT(极粗)绿色(726)
90g/2团

●工具 棒针6号

●成品尺寸 宽20cm,侧片宽6cm,深15cm

●编织密度 10cm×10cm 面积内:编织花样A18.5针,36行

●编织要点 从包底开始编织。手指挂线起针,起伏针编织10行包底。接着,侧片做卷针加针,按起伏针和编织花样A编织侧片和主体。包口参照图示分散减针。编织包口,起伏针的编织终点做伏针,单罗纹针做伏针收针。从起针开始挑针,对侧按同样方法编织。侧片(△、▲)做挑针缝合,侧片和包底(○、◎)做针和行的接合。从侧片(●)挑针,编织提手。对齐编织终点,做下针接合。

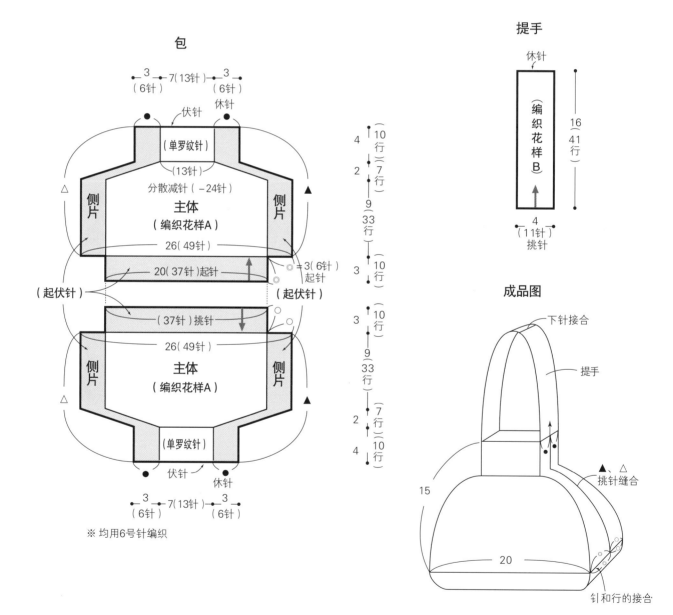

包

提手

成品图

※均用6号针编织

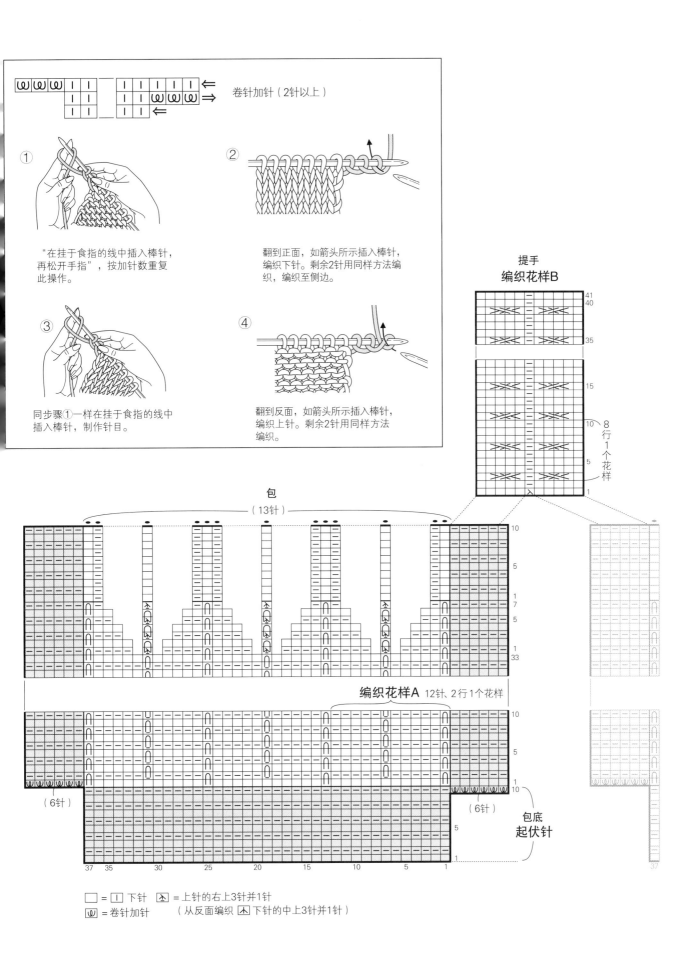

卷针加针（2针以上）

① "在挂于食指的线中插入棒针，再松开手指"，按加针数重复此操作。

② 翻到正面，如箭头所示插入棒针，编织下针。剩余2针用同样方法编织，编织至侧边。

③ 同步骤①一样在挂于食指的线中插入棒针，制作针目。

④ 翻到反面，如箭头所示插入棒针，编织上针。剩余2针用同样方法编织。

提手
编织花样B

8行1个花样

包
（13针）

编织花样A 12针、2行1个花样

包底
起伏针

（6针）

（6针）

□ = Ⅰ 下针　⋏ = 上针的右上3针并1针
Ⅲ = 卷针加针　　（从反面编织 ⋏ 下针的中上3针并1针）

●**材料** PRINCESS ANNY(粗)原白色(547) 320g/8团,LECCE(中细)粉色系浓淡段染 (419)20g/1团,直径1.8cm 纽扣5颗

●**工具** 棒针6号,钩针6/0号

●**成品尺寸** 胸围100cm,肩宽37cm,衣长 52cm,袖长51cm

●**编织密度** 10cm×10cm 面积内:配色花样, 编织花样A、B均为24针,28行

●**编织要点** **后身片** 手指挂线起针,从下摆的 单罗纹针开始编织。接着按配色花样,编织花样

A、B编织胁长。袖窿、领窝编织伏针和立起侧边1 针减针。肩部做引返编织,休针。**前身片** 同后 身片一样起针,按相同要领编织。左右对称编织2 片。**衣袖** 同身片一样起针,袖下在内侧1针做扭 针加针,袖山的针目做伏针收针。**组合** 肩部将 前后身片正面相对对齐,做盖针接合,胁部、袖下 做挑针缝合。前门襟、衣领从前端及前后领窝挑 针,编织单罗纹针;改用LECCE线,短针收针的 同时编织3行。衣袖引拔缝合于身片。左前门襟缝 上纽扣。

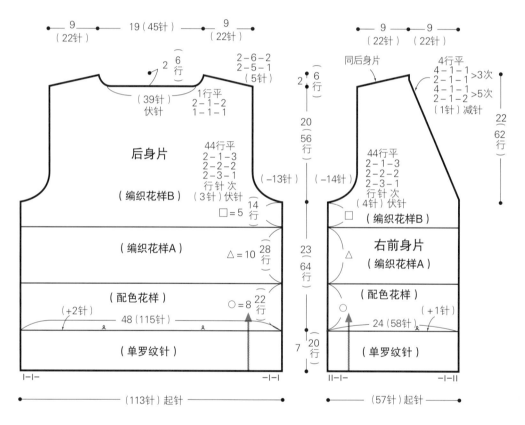

※非指定位置均用PRINCESS ANNY线及6号针编织

※左前身片同右前身片左右对称编织

编织花样A

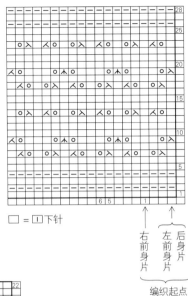

□ = 🇮 下针

右前身片
左前身片
后身片
编织起点

编织花样B

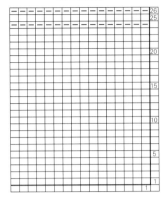

□ = 🇮 下针

单罗纹针

□ = 🇮 下针

后前

编织起点

配色花样

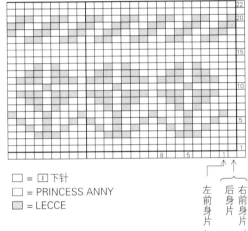

□ = 🇮 下针
□ = PRINCESS ANNY
▨ = LECCE

左前身片
后身片
右前身片
编织起点

配色花样（横向渡线方法）

看着正面编织的行

底色线　配色线

① 加入配色的行，用底色线夹住配色线。

② 编织配色线时，从底色线上方渡线编织。

看着反面编织的行

③ 使用底色线编织时，始终从配色线下方渡线编织。

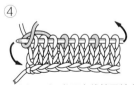

④ 织片翻面时，将配色线挂于针尖，并将针尖朝内侧转动。

⑤ 配色线渡向侧边，夹住底色线编织。

⑥ 编织配色线时，从底色线上方开始编织。

⑦ 配色线始终穿在上方，底色线始终穿在下方。

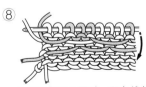

⑧ 从反面翻至正面时，配色线朝向外侧，并将针尖朝外侧转动。

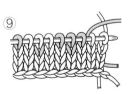

⑨ 线团始终置于同一位置，配色线朝上，渡线至侧边。

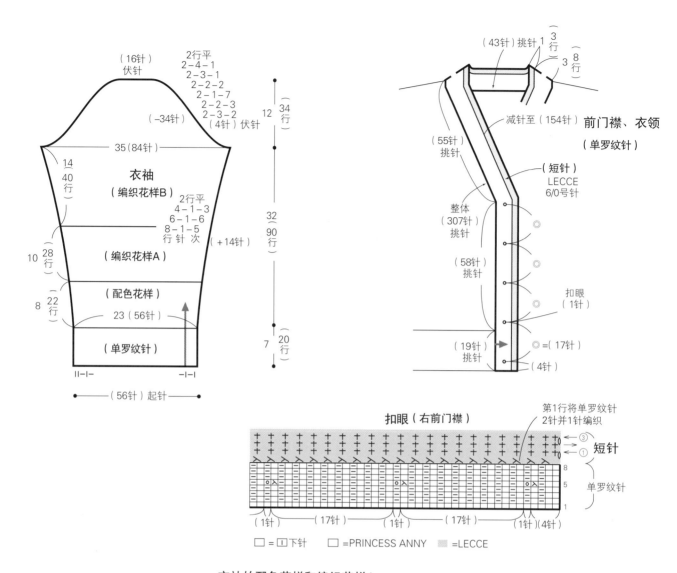

（16针）
伏针

2行平
2-4-1
2-3-1
2-2-2
2-1-7
2-2-3
2-3-2
（4针）伏针

（-34针）

35（84针）

衣袖
（编织花样B）

14
40
行

2行平
4-1-3
6-1-6
8-1-5
行针次

（编织花样A）

（+14针）

10
28
行

（配色花样）

23（56针）

8
22
行

（单罗纹针）

12
34
行

32
90
行

7
20
行

|| - | -　　　 - | - |

（56针）起针

（43针）挑针　1　3
行

3　8
行

前门襟、衣领
（单罗纹针）

减针至（154针）

（55针）
挑针

（短针）
LECCE
6/0号针

整体
（307针）
挑针

（58针）
挑针

扣眼
（1针）

（19针）
挑针

◎ =（17针）

（4针）

扣眼（右前门襟）

第1行将单罗纹针
2针并1针编织

③
①　短针

8
5

单罗纹针

1

（1针）（17针）（1针）（17针）（1针）（4针）

□ = □ 下针　　　□ =PRINCESS ANNY　　　▨ =LECCE

衣袖的配色花样和编织花样A

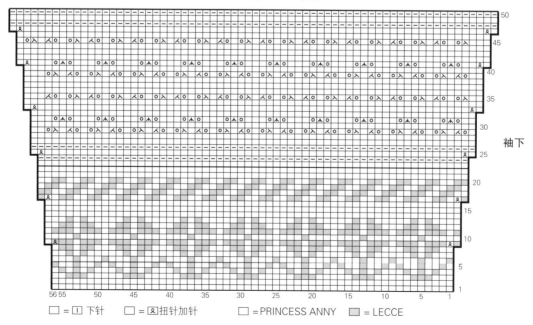

袖下

56 55　50　45　40　35　30　25　20　15　10　5　1

□ = □ 下针　　　□ = 扭针加针　　　□ = PRINCESS ANNY　　　▨ = LECCE

● **材料** a/BRITISH EROIKA（极粗）灰米色
（200）75g/2 团，蓝色（184）10g/1 团；b/
BRITISH EROIKA（极粗）褐色（201）75g/2 团，
金黄色（203）10g/1 团

● **工具** 棒针9号，钩针8/0号

● **成品尺寸** 掌围18cm，长26cm

● **编织密度** 10cm×10cm 面积内：起伏针16
针，33行

● **编织要点** 手指挂线起针，如图所示加减针，
按起伏针编织。沿折山折叠，对齐标记，2片一起
挑针编织短针之后接合。

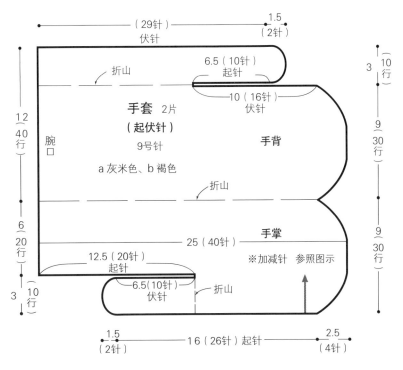

手套 2片
（起伏针）
9号针
a 灰米色、b 褐色

（29针）伏针
1.5（2针）
折山
6.5（10针）起针
10（16针）伏针
3（10行）
手背
12（40行）
9（30行）
腕口
折山
手掌
6（20行）
25（40针）
※加减针 参照图示
9（30行）
3（10行）
12.5（20针）起针
6.5（10针）伏针
折山
1.5（2针）
16（26针）起针
2.5（4针）

※将右手织片翻面之后即为左手

＋ 短针

① ② ③ ④

右手

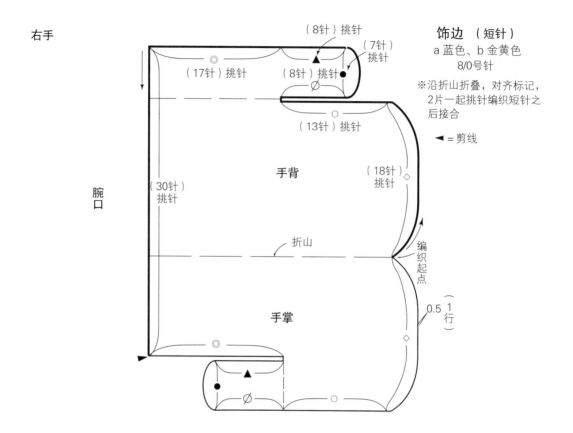

（8针）挑针

（7针）挑针

（17针）挑针　　（8针）挑针

∅

（13针）挑针

腕口

（30针）挑针

手背

（18针）挑针

折山

编织起点

手掌

0.5 1行

饰边　（短针）
a 蓝色、b 金黄色
8/0号针

※沿折山折叠，对齐标记，2片一起挑针编织短针之后接合

◄ = 剪线

∅

左手

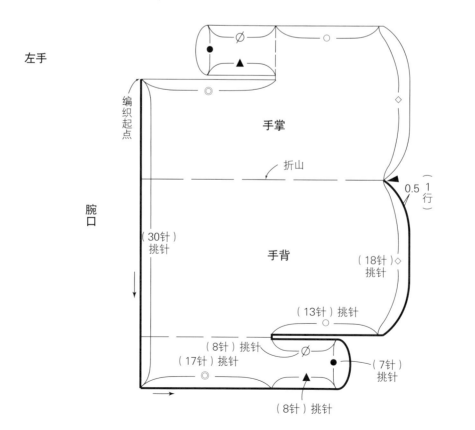

∅

编织起点

手掌

折山

0.5 1行

腕口

（30针）挑针

手背

（18针）挑针

（13针）挑针

（8针）挑针

∅

（17针）挑针

（8针）挑针

（7针）挑针

手套（右手） ※左手用同样方法编织，翻面之后使用

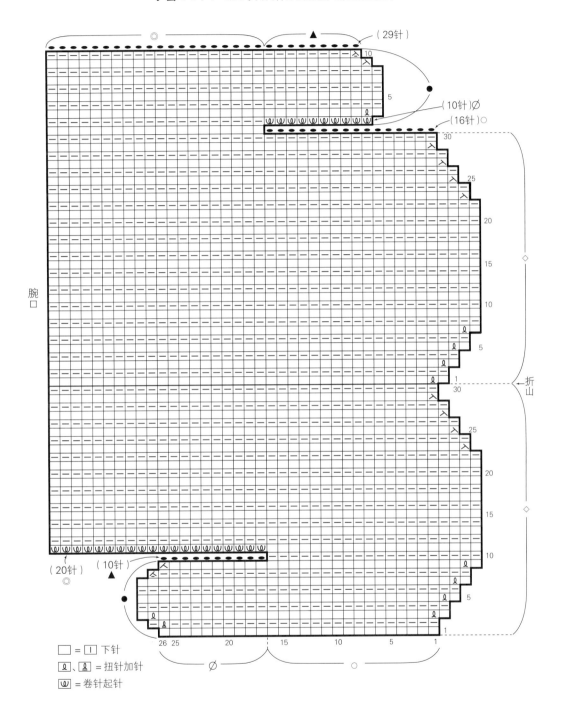

□ = I 下针
⚮、⚮ = 扭针加针
⚮ = 卷针起针

13 | **17页**

●材料　L'INCANTO no.9(极粗)蓝色(905)
390g/8团
●工具　棒针(环形针)11号
●成品尺寸　胸围98cm，衣长52cm，连肩袖
长75.5cm
●编织密度　10cm×10cm 面积内：下针编织
16针，22行
●编织要点　育克、身片、衣袖环形做下针编

织。**育克**　手指挂线起针，从育克开始做下针编
织。插肩线位置如图所示，做3针并1针，1针放5
针的加针。此位置增加了2针。**前后身片**　从育克
开始挑针，编织7行后身片。接着，侧面的8针卷
针起针，环形做下针编织。编织终点做伏针收针。
衣袖　同身片一样，从育克、后身片(●、○)
和身片的侧面(△、▲)挑针，环形编织。袖下
立起2针，对称减针。编织终点做伏针收针。

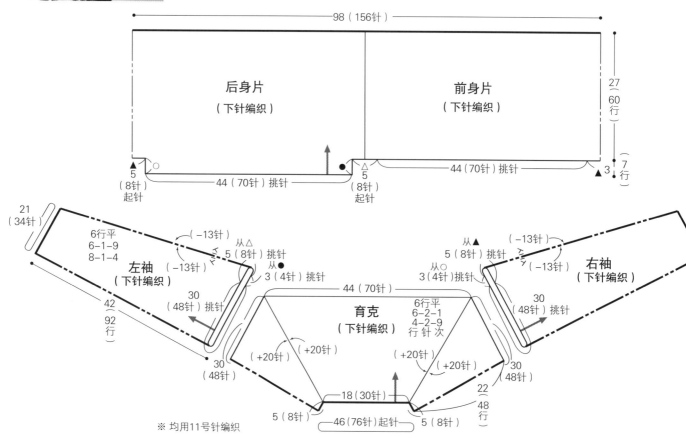

※ 均用11号针编织

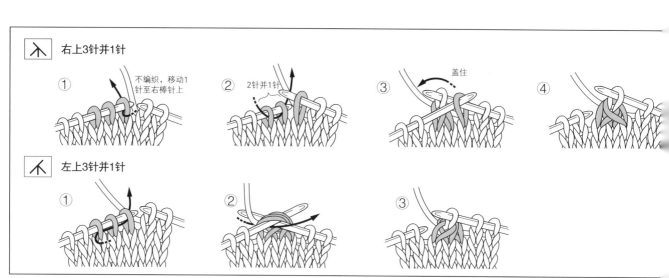

右上3针并1针

①不编织，移动1针至右棒针上　②2针并1针　③盖住　④

左上3针并1针

①　②　③

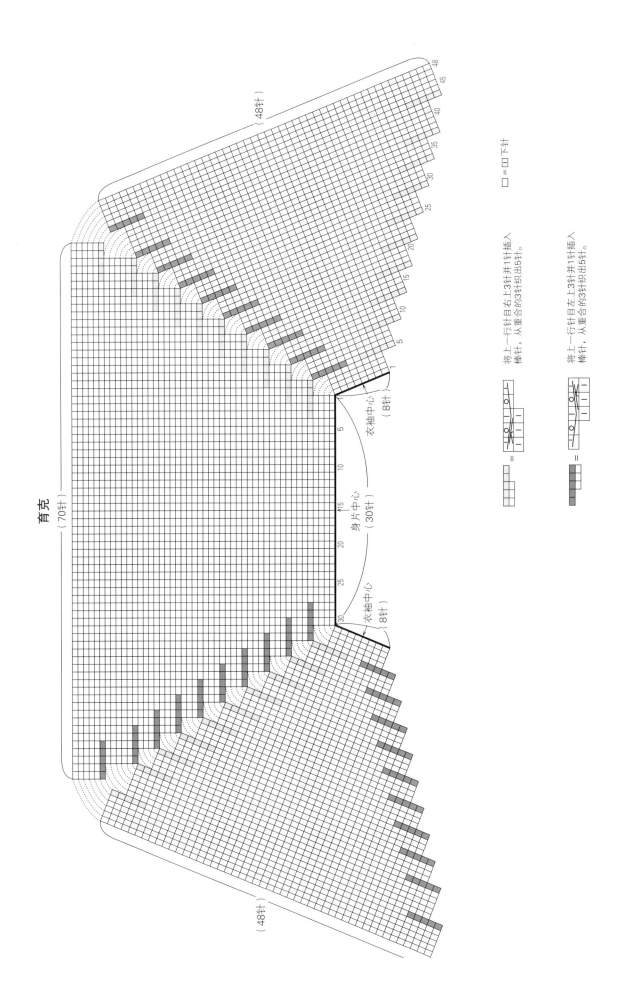

育克
（70针）

（48针）

（48针）

衣袖中心
（8针）

身片中心
（30针）

衣袖中心
（8针）

□ ＝回下针

将上一行针目右上3针并1针插入
棒针，从重合的3针织出5针。

将上一行针目左上3针并1针插入
棒针，从重合的3针织出5针。

●材料 QUEEN ANNY（中粗）蓝色（110）580g/12团，直径2cm 纽扣6颗
●工具 棒针6号
●成品尺寸 胸围94.5cm，衣长55cm，连肩袖长72.5cm
●编织密度 10cm×10cm 面积内：上针编织、编织花样C 均为20针，30行
●编织要点 后身片 手指挂线起针，编织下摆的单罗纹针24行，按上针编织、编织花样A和编织花样B编织。侧面的针目做伏针收针，插肩线参照

图示减针。领窝的针目做伏针收针。前身片 同后身片一样起针，按相同技法编织。领窝编织伏针和立起侧边1针减针，编织终点休针。左右对称，编织2片。衣袖 同身片一样起针，按单罗纹针、编织花样C、上针编织制作。袖下在内侧1针右加针、左加针。最终针目做伏针收针。组合 肩部、袖下、插肩线做上针的挑针缝合，侧面的针目做下针接合。前门襟、衣领按单罗纹针编织，如图所示开扣眼。将纽扣缝于左前门襟及衣领。

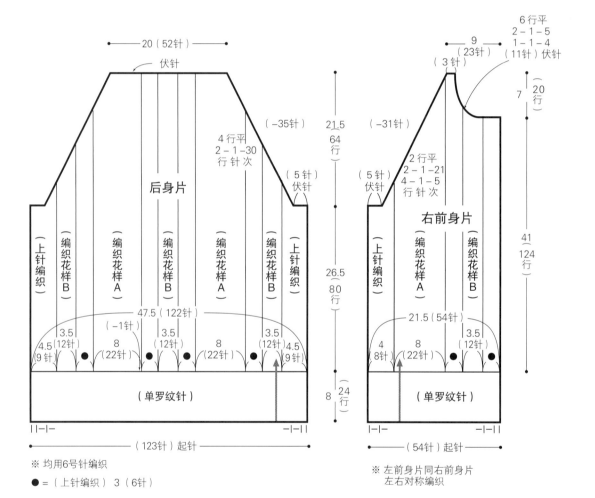

※ 均用6号针编织

● =（上针编织）3（6针）

※ 左前身片同右前身片
左右对称编织

扣眼（右前门襟）

对齐上下针，做伏针收针

扣眼（衣领）

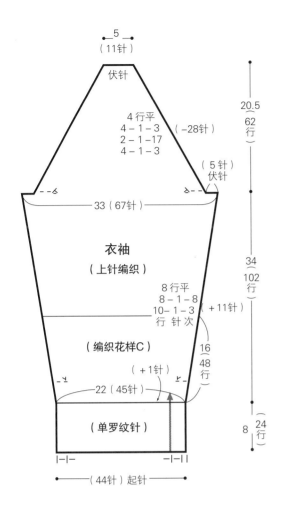

5
(11针)

伏针

4 行平
4－1－3 （-28针）
2－1－17
4－1－3

（ 5 针）
伏针

33（67针）

衣袖
（上针编织）

20.5
62
行

34
102
行

8 行平
8－1－8
10－1－3 （+11针）
行 针次

16
48
行

（编织花样C）

22（45针）

（ +1针 ）

（单罗纹针）

8
24
行

－|－|－   －|－|11

●——（44针）起针——●

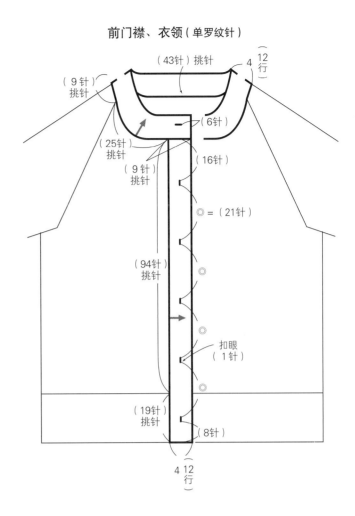

前门襟、衣领（单罗纹针）

（43针）挑针   4 12
行

（ 9 针）
挑针

（6针）

（25针）
挑针

（ 9 针）
挑针

16针

◎ ＝（21针）

（94针）
挑针

扣眼
（1针）

（19针）
挑针

（8针）

4 12
行

編织花样A

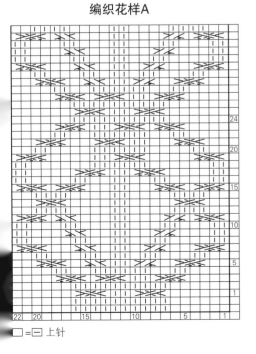

24

20

15

10

5

1

22 20   15   10   5   1

□=⊟ 上针

編织花样B

12

10

5

1

12 10   5   1

□ =⊟ 上针

編织花样C

16
15

10

5

1

6 5   1

□ =⊟ 上针

67

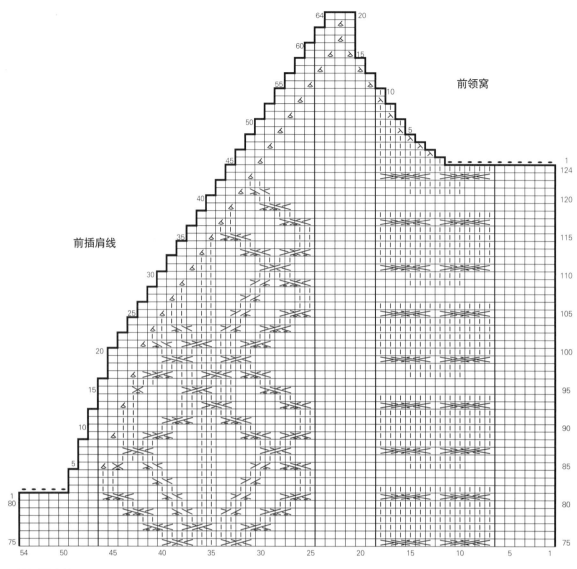

前领窝

前插肩线

□ =□ 上针

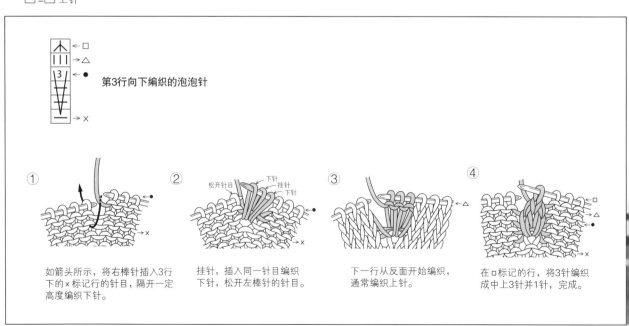

第3行向下编织的泡泡针

① 如箭头所示，将右棒针插入3行下的×标记行的针目，隔开一定高度编织下针。

② 挂针，插入同一针目编织下针，松开左棒针的针目。
松开针目　下针　挂针　下针

③ 下一行从反面开始编织，通常编织上针。

④ 在□标记的行，将3针编织成中上3针并1针，完成。

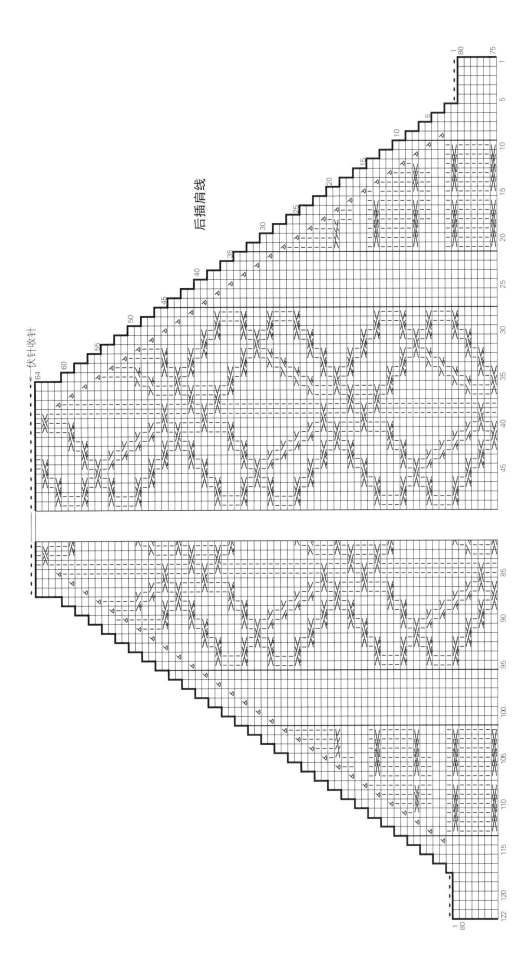

后插肩线

伏针收针

□=□ 上针

● **材料** Soft Douegal（中粗）原白色（5207）500g/13团
● **工具** 棒针9号
● **成品尺寸** 胸围102cm，衣长52.5cm，连肩袖长70cm
● **编织密度** 10cm×10cm 面积内：编织花样18针，26行
● **编织要点** **后身片** 手指挂线起针，从下摆的单罗纹针开始编织。编织花样的第1行加1针，接袖位置参照图示加针编织。肩部做引返编织，最终行的针目休针。**前身片** 同后身片一样起针，按相同技法编织。领窝休针和立起侧边1针减针。**衣袖** 同身片一样起针，袖下参照图示加针编织，最终行的针目做伏针收针。**组合** 肩部将前后身片正面相对对齐，做引拔接合。衣袖做半针的回针缝缝合于身片。衣领从前后领窝挑针，环形编织单罗纹针，对齐针目之后做伏针收针。

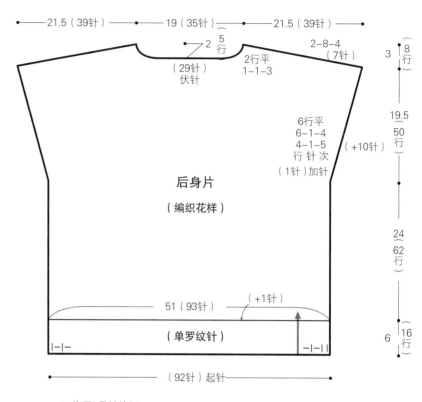

後身片
（编织花样）

21.5（39针）　19（35针）　21.5（39针）
（29针）伏针
2　5行
2行平
1-1-3
2-8-4（7针）
3　8行
6行平
6-1-4
4-1-5
行 针 次
（1针）加针
（+10针）
19.5（50行）
24（62行）
51（93针）　（+1针）
（单罗纹针）
6　16行
（92针）起针

※ 均用9号针编织

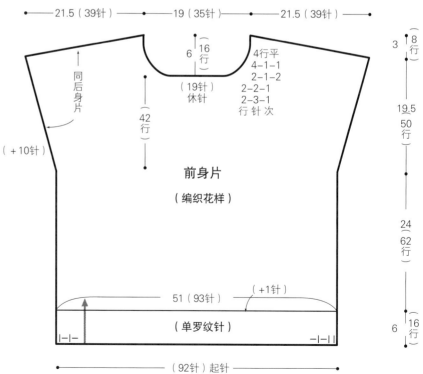

前身片
（编织花样）

21.5（39针）　19（35针）　21.5（39针）
同后身片
6　16行
（19针）休针
4行平
4-1-1
2-1-2
2-2-1
2-3-1
行 针 次
3　8行
（+10针）
42行
19.5（50行）
24（62行）
51（93针）　（+1针）
（单罗纹针）
6　16行
（92针）起针

衣领 （单罗纹针）

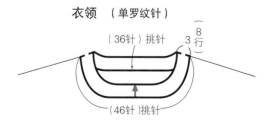

（36针）挑针
3　8行
（46针）挑针

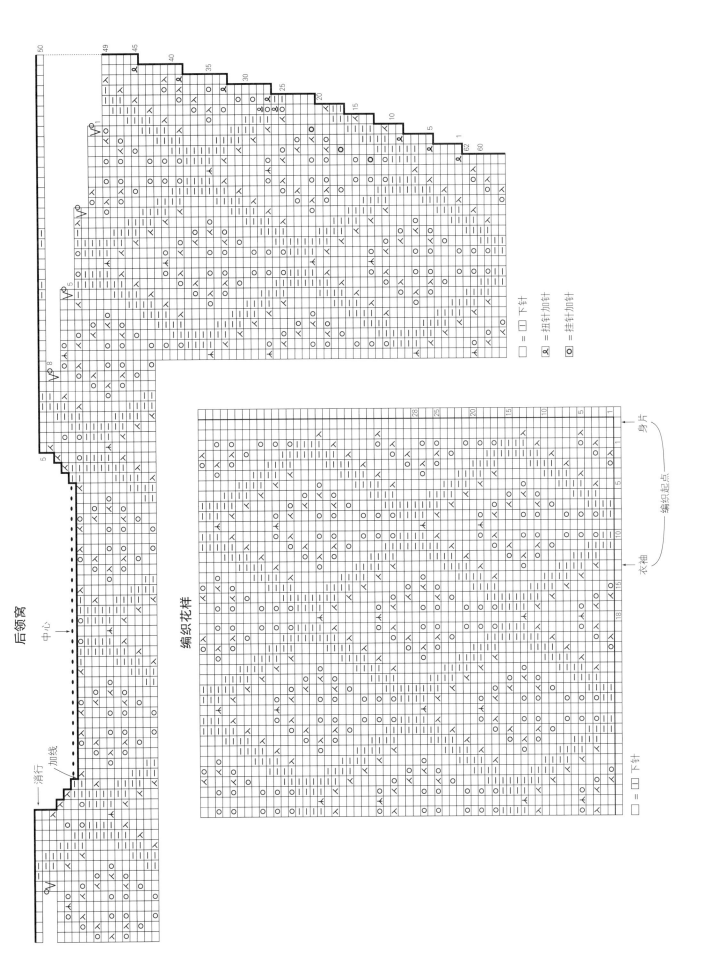

后领窝

中心

加线

消行

编织花样

身片

编织起点

衣袖

□ = □ 下针

□ = □ 下针　☒ = 扭针加针　☉ = 挂针加针

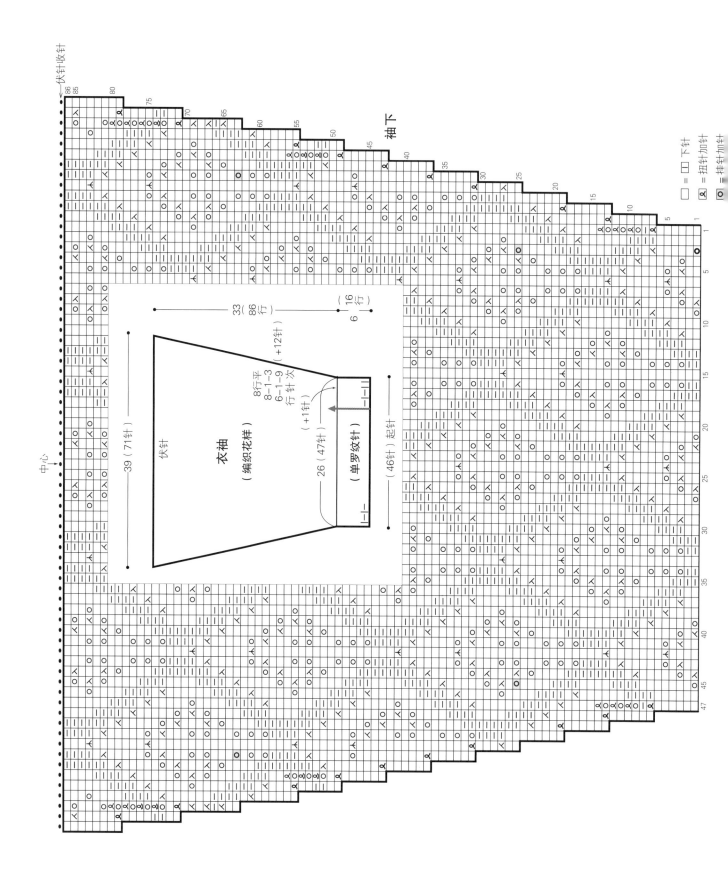

袖下

中心→

伏针收针

33
(86
行)

(16
行)
6

39 (71针)

伏针

衣袖
(编织花样)

8行平
8-1-3
6-1-9
行针次
(+12针)

(+1针)

26 (47针)

(单罗纹针)

(46针) 起针

□ = □ 下针
⋉ = 扭针加针
回 = 样针加针

●**材料** Charkha(粗)原白色(10)390g/8团
●**工具** 棒针5号
●**成品尺寸** 胸围92cm，后衣长57cm，前衣长52cm，连肩袖长23cm
●**编织密度** 10cm×10cm 面积内：编织花样 27.5针，31行

●**编织要点** **后身片** 手指挂线起针，下摆、两侧、颈部按单罗纹针编织，中央按编织花样编织。开衩止位和袖口开口止位用毛线标记。肩部做引返编织，最终行的针目休针。领窝编织伏针和立起侧边1针减针。**前身片** 同后身片一样起针，按相同技法编织。**组合** 肩部将前后身片正面相对对齐，做引拔接合。胁部在开衩止位和袖口开口止位的毛线标记之间做挑针缝合。衣领从前后领窝挑针，环形编织单罗纹针，对齐上下针之后做伏针收针。

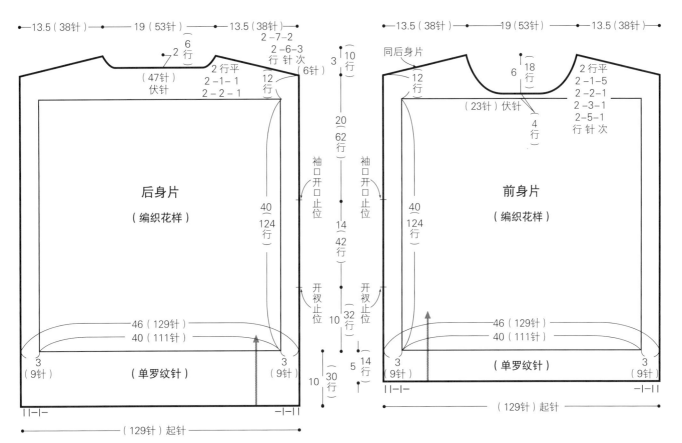

后身片
├─13.5（38针）─┤├─19（53针）─┤├─13.5（38针）─┤

2 {6行}
（47针）伏针
2 行平
2-1-1
2-2-1
12 行

2-7-2
2-6-3 行 针 次
（6针）

3 {10行}

20（62行）

40（124行）

袖口开口止位
袖口开口止位

后身片
（编织花样）

14（42行）

开衩止位
开衩止位

46（129针）
40（111针）

10 {32行}

3（9针） （单罗纹针） 3（9针）

5 {14行}

10 {30行}

‖─I─I ─I─‖
├─（129针）起针─┤

※ 均用5号针编织

前身片
├─13.5（38针）─┤├─19（53针）─┤├─13.5（38针）─┤

同后身片

12行

6 {18行}

（23针）伏针

2 行平
2-1-5
2-3-1
2-5-1 行 针 次
4行

40（124行）

前身片
（编织花样）

46（129针）
40（111针）

3（9针） （单罗纹针） 3（9针）

‖─I─I ─I─‖
├─（129针）起针─┤

衣领 （单罗纹针）

（59针）挑针 2.5 {7行}

（69针）挑针

单罗纹针（衣领）

对齐上下针，做伏针收针

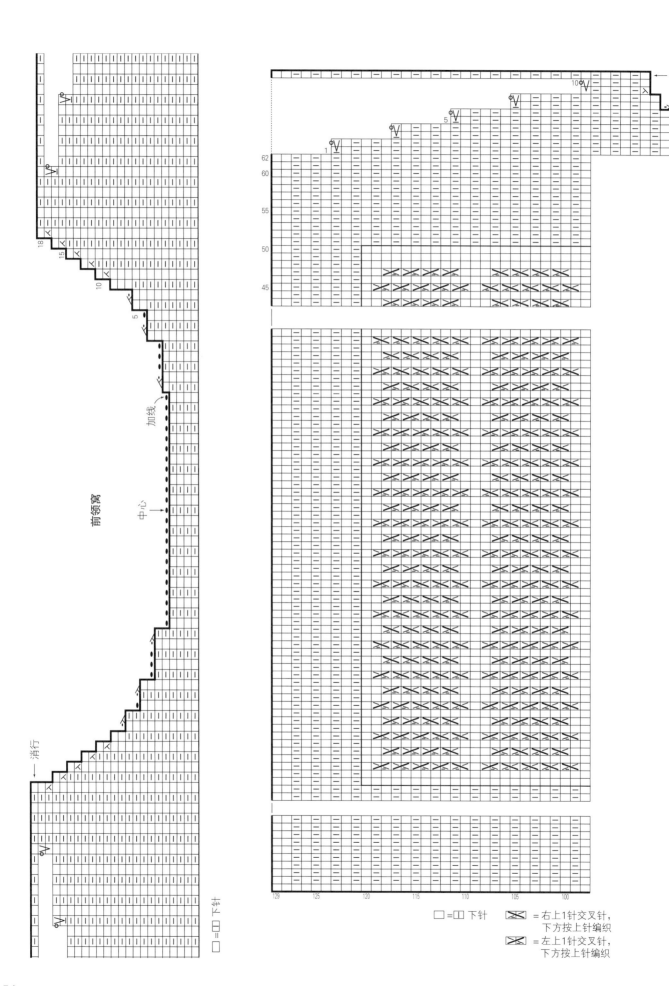

前领窝

中心

加线

消行

前领窝

□=□ 下针

□ =□ 下针　　　　⊠ = 右上1针交叉针，
　　　　　　　　　　下方按上针编织
　　　　　　　　　　⊠ = 左上1针交叉针，
　　　　　　　　　　下方按上针编织

后领窝

加线

编织花样 22针、40行1个花样

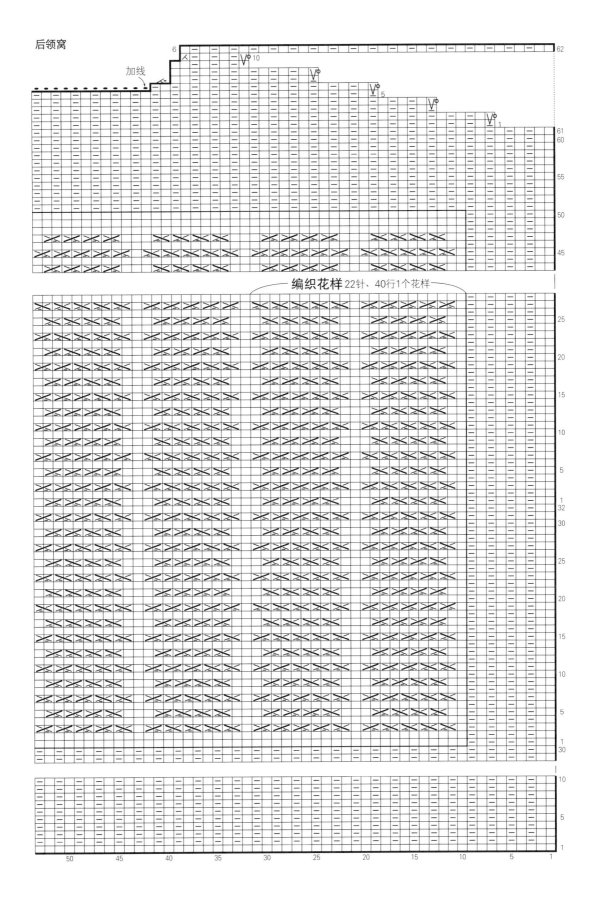

16 | 21页

●**材料** monarca(极粗)深蓝色(906)160g/4团

●**工具** 棒针9号

●**成品尺寸** 宽31cm

●**编织密度** 10cm × 10cm 面积内：编织花样18针，32行

●**编织要点** 手指挂线起针，按编织花样编织45行。参照图示分散减针编织13行，接着编织42行。编织终点对齐上下针，做伏针收针。两端做挑针缝合，制作成环状。

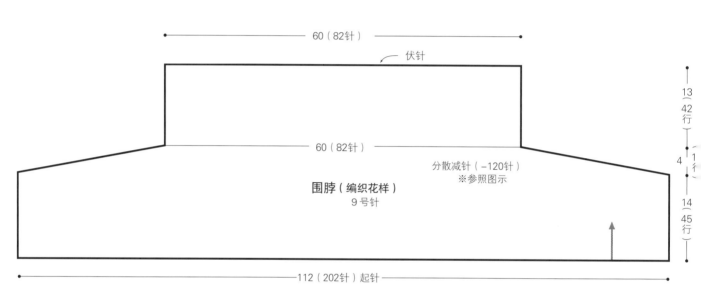

60（82针）

伏针

60（82针）

分散减针（−120针）
※参照图示

围脖（编织花样）
9号针

112（202针）起针

13/42行

4/14行

14/45行

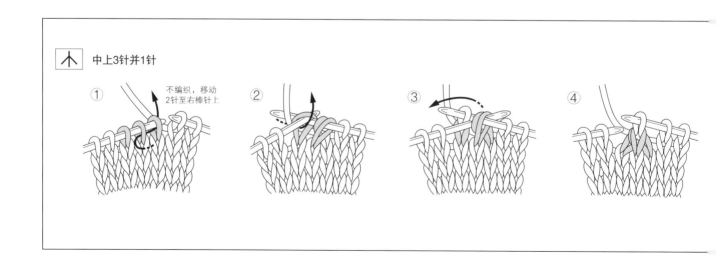

人 中上3针并1针

① 不编织，移动2针至右棒针上

②

③

④

围脖

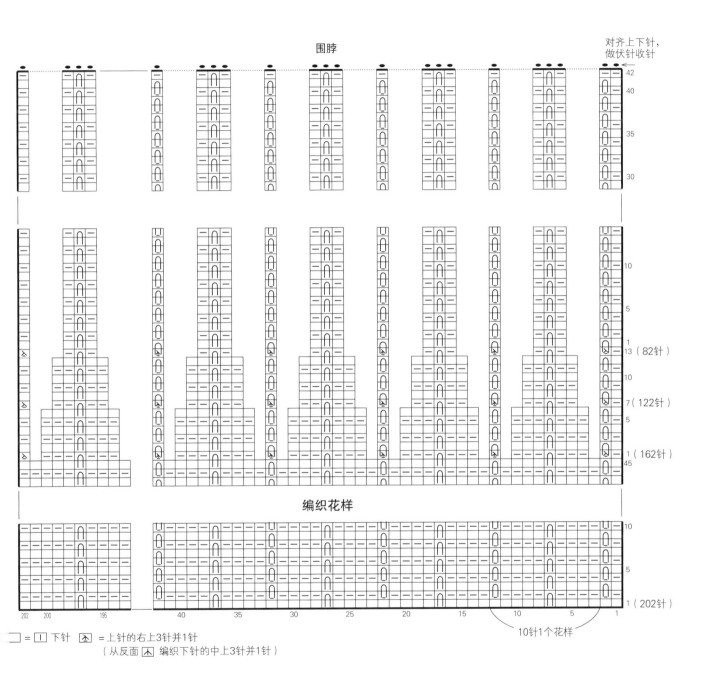

对齐上下针，
做伏针收针

编织花样

10针1个花样

□ = [I] 下针　[木] = 上针的右上3针并1针
（从反面 [木] 编织下针的中上3针并1针）

77

●**材料** BRITISH EROIKA(极粗)米色(143)400g/8团、深蓝色(101)60g/2团、蓝色(207)40g/1团

●**工具** 棒针9号

●**成品尺寸** 胸围106cm，衣长55cm，连肩袖长66cm

●**编织密度** 10cm×10cm 面积内：配色花样A19针，19行；下针编织17针，21行

●**编织要点** **育克** 另线锁针起针，参照图示环形编织，按配色花样A分散加针的同时进行编织。**前后身片** 接育克，环形做下针编织。第1行前后身片均减7针。侧面的18针卷针起针。下摆编织配色花样B，编织终点的针目做伏针收针。**衣袖** 从育克和侧面挑针，第1行减5针，袖下减针。袖口加3针，按配色花样B编织，最后做伏针收针。**缝合** 衣领环形做边缘编织，最终行的针目做伏针收针。

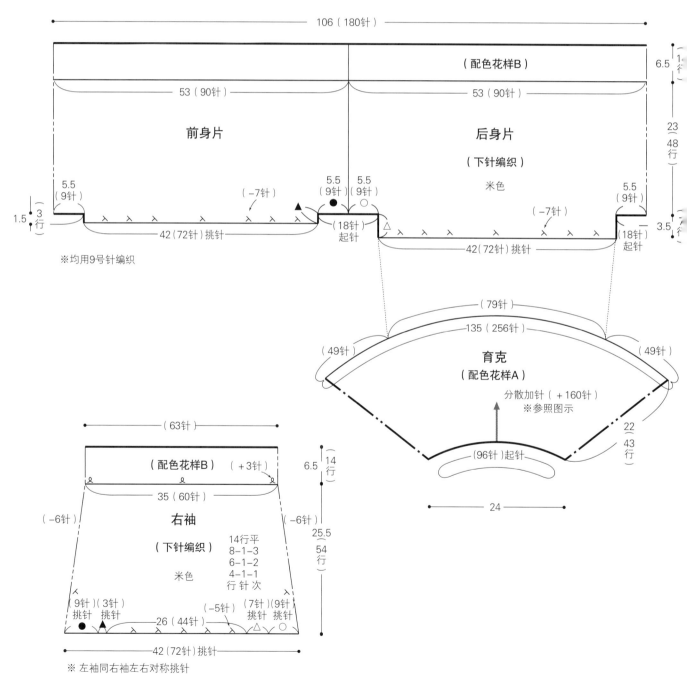

配色花样A

育克

身片、衣袖 中心

16针1个花样

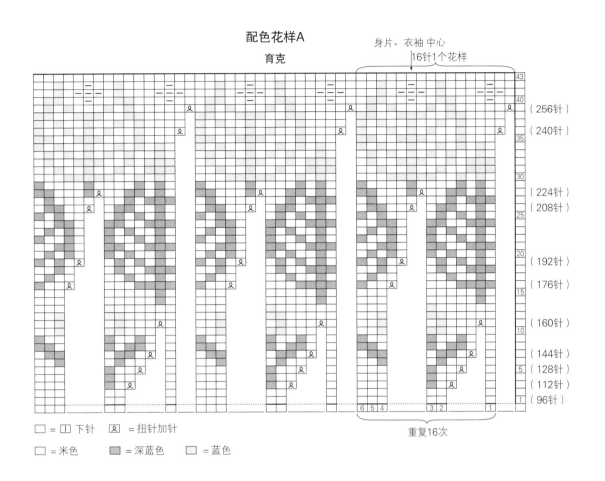

□ = Ⅰ 下针   Ω =扭针加针

□ =米色   ▓ =深蓝色   ▨ =蓝色

边缘编织

□ = Ⅰ 下针

□ =米色   ▓ =深蓝色

衣领（边缘编织）

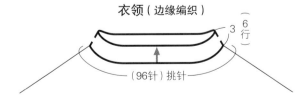

配色花样B

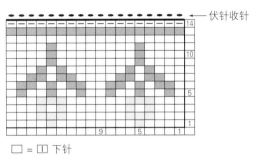

□ = Ⅰ 下针

□ =米色   ▨ =蓝色   ▓ =深蓝色

● **材料** MILLE COLORI BABY
（中细）紫罗兰色系段染（106）195g/4
团，Puppy NEW 4PLY（中细）藏青
色（456）180g/5团

● **工具** 钩针5/0号

● **成品尺寸** 胸围103cm，衣长
65.5cm，连肩袖长25cm

● **编织密度** 花片1片12.5cm×
12.5cm，10cm×10cm面积内：编
织花样26针，18行

● **编织要点** **后身片** 锁针起针，
挑起锁针的半针和里山，按编织花样
编织。**前身片** 制作连续花片。花
片A用线头制作线环起针，第1行
立起3针锁针，编织4次"锁针3针、
长针3针"。第2行如图所示环形编
织。第3行开始每边编织3行，接
着编织下一条边。按相同要领，编织
至第26行。编织20片花片A，做
半针的卷针缝连接各花片。花片B、
B'按花片A相同要领如图所示编织，
并做半针的卷针缝接合于左右前身
片。**组合** 从前身片挑针，按编织
花样编织下摆、前门襟、衣领。胁部、
后育克做卷针缝缝合。

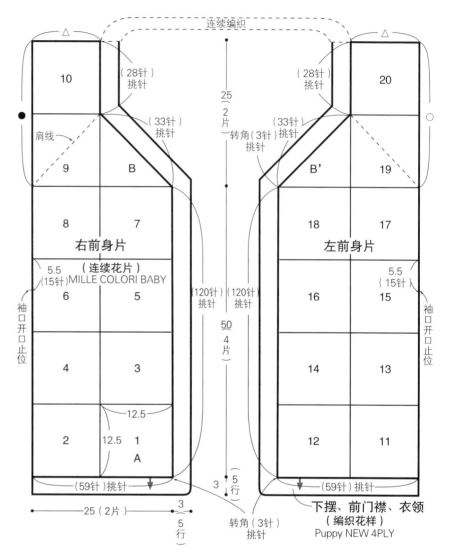

右前身片

（连续花片）MILLE COLORI BABY

左前身片

下摆、前门襟、衣领
（编织花样）
Puppy NEW 4PLY

※ 均用5/0号针编织
※ A=花片A
B=花片B
B'=花片B'

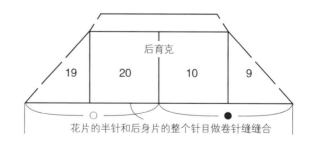

后育克

花片的半针和后身片的整个针目做卷针缝缝合

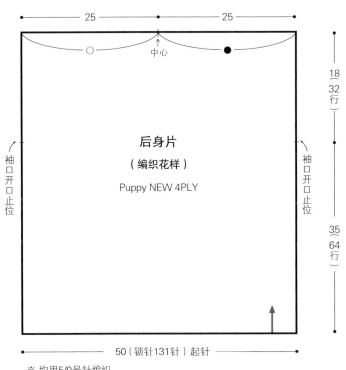

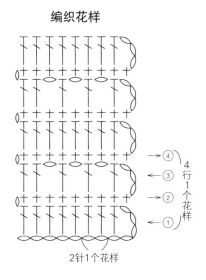

编织花样

25   25

中心

18 (32行)

35 (64行)

后身片
（编织花样）
Puppy NEW 4PLY

袖口开口止位

袖口开口止位

50（锁针131针）起针

※ 均用5/0号针编织

4行1个花样

2针1个花样

花片A（20片）

剪线

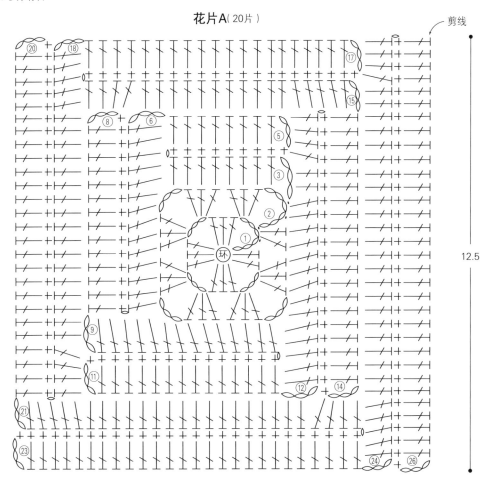

12.5

12.5

※ 花片A按此方向接合

花片B（1片）　　　　　　　　　　花片B'（1片）

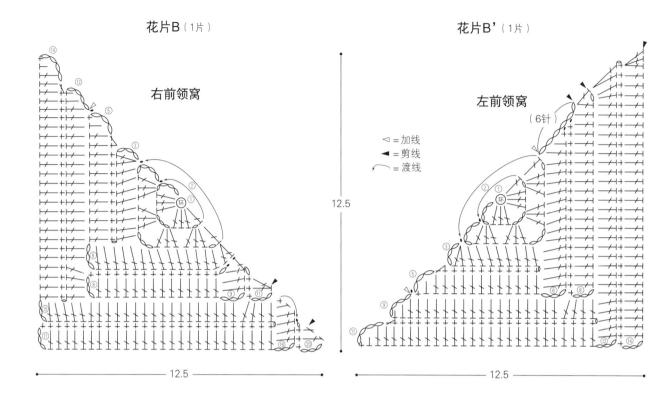

右前领窝　　　　　　　　　左前领窝

◁ = 加线
◀ = 剪线
⌒ = 渡线

12.5

12.5　　　　　　　　　　　12.5

花片的连接方法

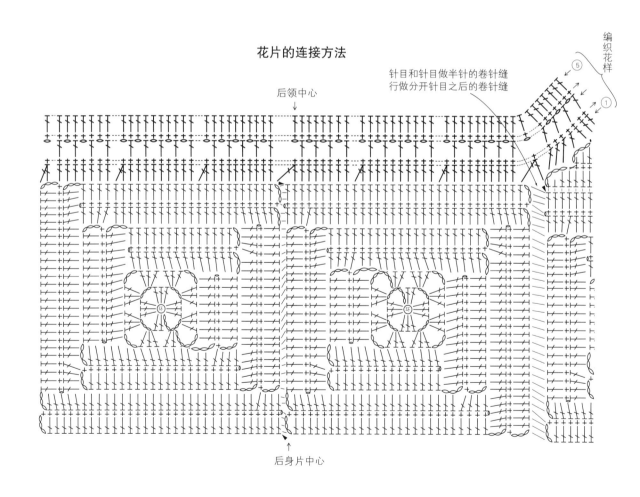

后领中心

针目和针目做半针的卷针缝
行做分开针目之后的卷针缝

编织花样

后身片中心

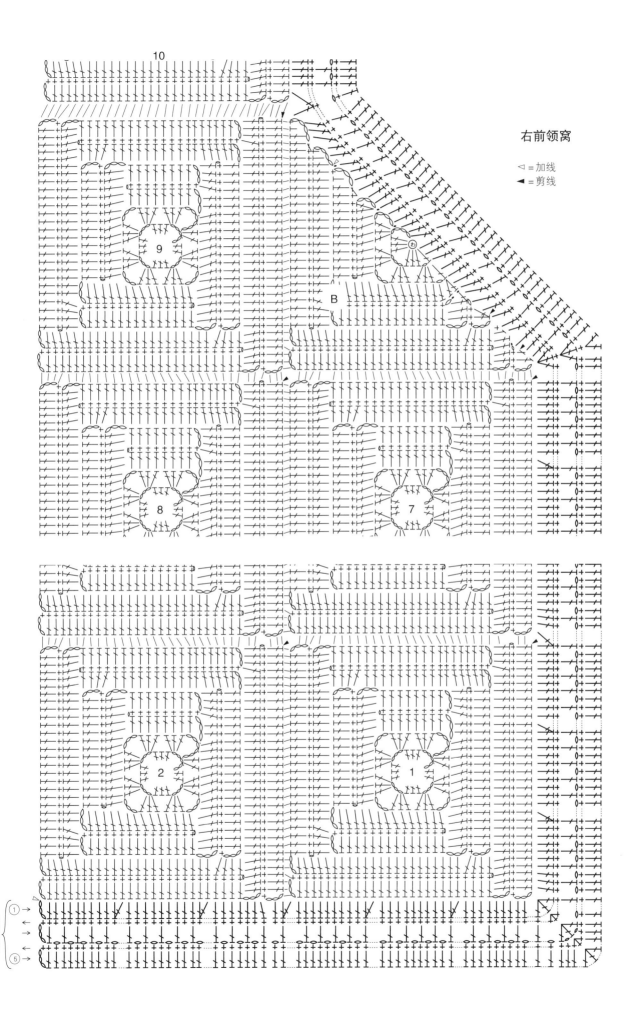

右前领窝

◁ = 加线
◀ = 剪线

●**材料**　a/MILLE COLORI BABY(中细)卡其色系、驼色系的多色混合段染(204)70g/2 团，b/MILLE COLORI BABY(中细)粉色系、灰色系的多色混合段染(203)70g/2 团

●**工具**　棒针 5 号

●**成品尺寸**　参照图示

●**编织密度**　10cm × 10cm 面积内：编织花样 32.5针，30 行

●**编织要点**　另线锁针起针，按编织花样直线编织，编织终点休针。编织起点和编织终点反面相对对齐，引拔接合成环状。将围脖翻面，反面作为正面使用。

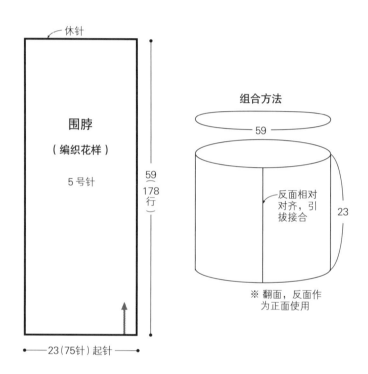

休针

围脖

（ 编织花样 ）

5 号针

59
（178
行）

←——23（75针）起针——→

组合方法

59

反面相对
对齐，引
拔接合

23

※ 翻面，反面作
为正面使用

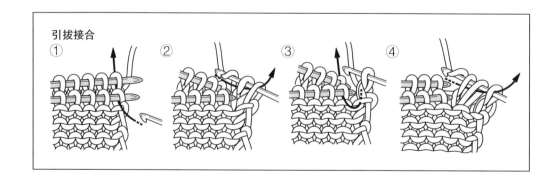

引拔接合

① ② ③ ④

围脖

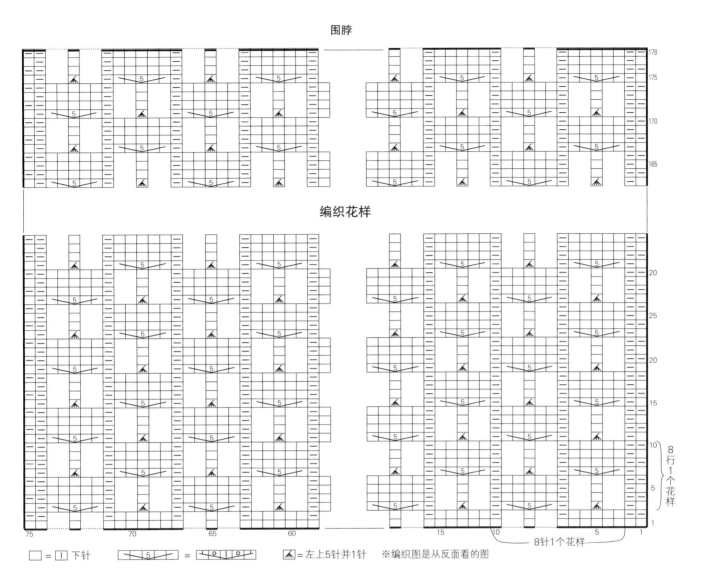

编织花样

□ = ｜ 下针　　　　—5— = ｜0｜0｜ = 　　　　⚠ = 左上5针并1针　　※编织图是从反面看的图

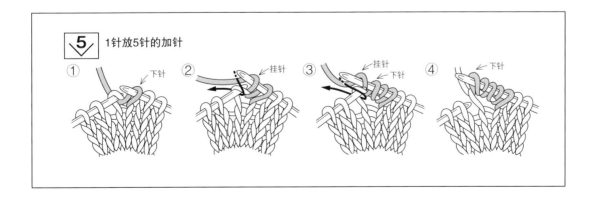

⑤ 1针放5针的加针

① ② 挂针 下针 ③ 挂针 下针 ④ 下针

●**材料** a/Charkha（粗）原白色（10）180g/4团，b/Charkha（粗）褐色（63）180g/4团

●**工具** 棒针5号

●**成品尺寸** 参照图示

●**编织密度** 10cm×10cm 面积内：编织花样 21.5针，40行

●**编织要点** 手指挂线起针，编织单罗纹针。接着，制作编织花样。继续编织单罗纹针，编织终点的针目对齐上下针，做伏针收针。对齐两端，做挑针缝合。

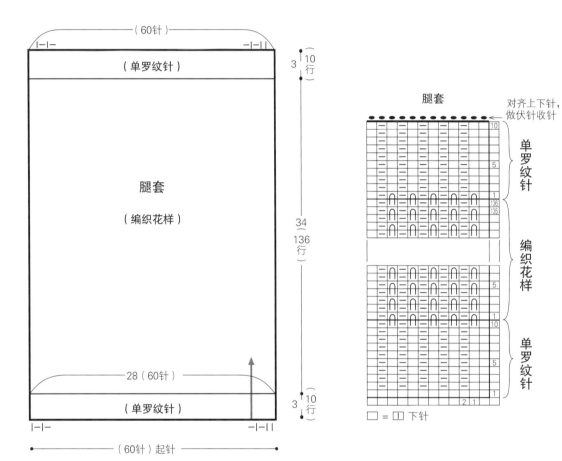

（60针）

（单罗纹针）

3（10行）

腿套

（编织花样）

34（136行）

28（60针）

（单罗纹针）

3（10行）

（60针）起针

※均用5号针编织

腿套

对齐上下针，做伏针收针

单罗纹针

编织花样

单罗纹针

□ = □ 下针

组合方法

28

挑针缝合

40

●**材料** a/Tweet（极粗）紫色＋
粉色＋卡其色多色混合段染（1808）
100g/3团，b/Tweet（极粗）橙色＋
蓝色＋紫色多色混合段染（1802）
100g/3团

●**工具** 棒针8号

●**成品尺寸** 参照图示

●**编织密度** 10cm×10cm 面积
为：下针编织、单罗纹针均为15针，
26行

●**编织要点** 手指挂线起针，从单
罗纹针开始编织。两端5针一组做伏
针收针，做下针编织。将编织终点
（▲标记）正面相对对齐，做盖针
妾合。从下针编织部分挑针，按单罗
文针编织帽檐。编织终点翻折，缝合
在主体的侧边针目上。对齐○标
己，做挑针缝合，将帽檐的侧边同主
本做卷针缝缝合。

组合方法

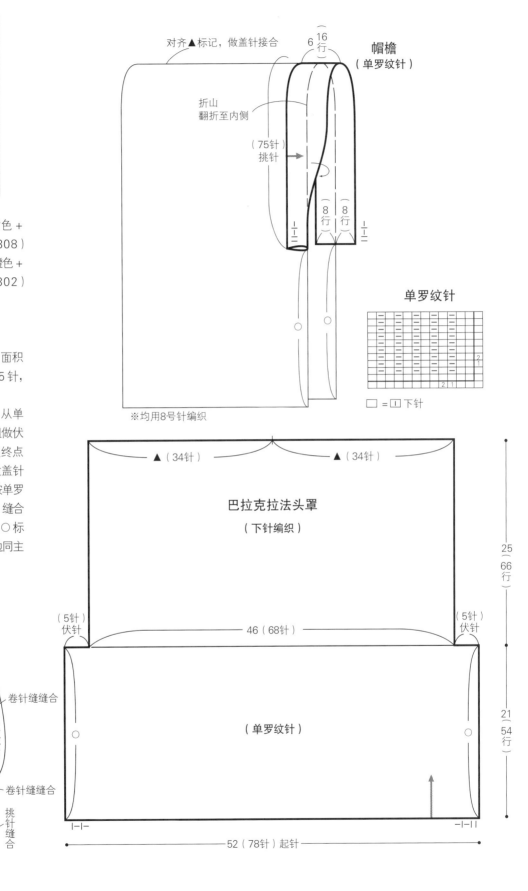

对齐▲标记，做盖针接合

帽檐
（单罗纹针）

折山
翻折至内侧

（75针）
挑针

单罗纹针

□ ＝①下针

※均用8号针编织

▲（34针）　▲（34针）

巴拉克拉法头罩

（下针编织）

（5针）
伏针

46（68针）

25
（66
行）

（单罗纹针）

21
（54
行）

52（78针）起针

卷针缝缝合

卷针缝缝合

挑针
缝合

46

52

23 | 29页

●**材料** a/British Fine(中细)原白色(001) 40g/2 团、粉色(085)10g/1 团, b/British Fine(中细)灰米色(021)40g/2 团、橙色(087) 10g/1 团

●**工具** 棒针4号 ※不带堵头

●**成品尺寸** 头围52cm,帽深24.5cm

●**编织密度** 10cm×10cm 面积内:英式罗纹针21.5针,52行;元宝针21.5针,62行

●**编织要点** 使用B线手指挂线起针,从帽口开始编织,按元宝针编织44行。接着按英式罗纹针编织45行,分散减针。帽顶留下的12针穿线收拢。将反面作为正面,对齐两端,做挑针缝合。

配色表

	A线	B线
a	原白色	粉色
b	灰米色	橙色

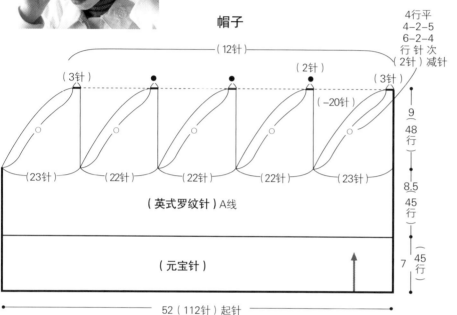

帽子

4行平
4-2-5
6-2-4
行 针 次
(2针)减针

(12针)

(3针) (2针) (3针)

(-20针)

9(48行)

(23针)(22针)(22针)(22针)(23针)

(英式罗纹针)A线

8.5 45行

(元宝针)

7(45行)

52(112针)起针

※均用4号针编织

※反面作为正面使用

元宝针

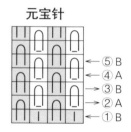

⑤B
④A
③B
②A
①B

⑤ 使用B线,上一行B线的针目为下针,A线的针目为拉针(挂针,滑针)。

④ 使用A线,上一行A线的针目为上针,B线的针目为拉针(挂针,滑针)。

③ 使用B线,上一行B线的针目为上针,A线的针目为拉针(挂针,滑针)。

② 使用A线,重复下针、拉针(挂针,滑针)。

① 使用B线起针。

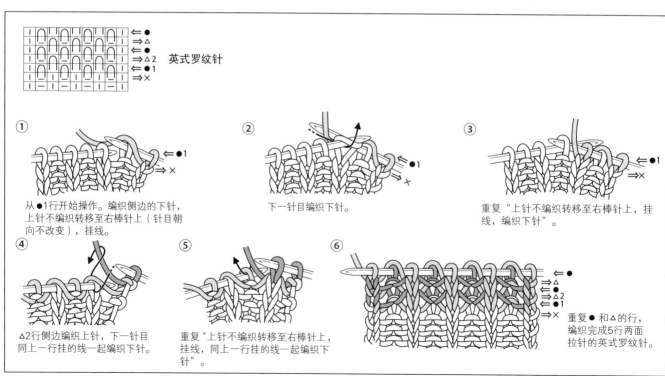

英式罗纹针

① 从●1行开始操作。编织侧边的下针,上针不编织转移至右棒针上(针目朝向不改变),挂线。

② 下一针目编织下针。

③ 重复"上针不编织转移至右棒针上,挂线,编织下针"。

④ △2行侧边编织上针,下一针目同上一行挂的线一起编织下针。

⑤ 重复"上针不编织转移至右棒针上,挂线,同上一行挂的线一起编织下针"。

⑥ 重复●和△的行,编织完成5行两面拉针的英式罗纹针。

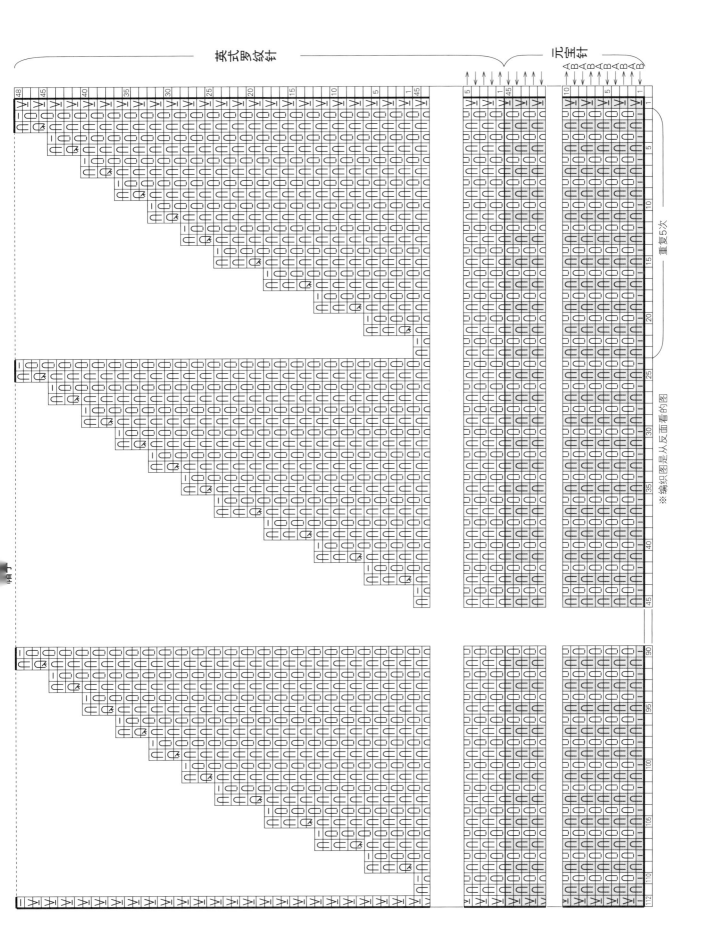

●**材料** Tweet(极粗)红色 + 绿色 + 灰色系 + 多色混合段染(1807)130g/4 团

●**工具** 棒针11 号

●**成品尺寸** 胸围103cm，肩宽41cm，衣长52cm

●**编织密度** 10cm×10cm 面积内：下针编织12 针，16 行

●**编织要点 后身片** 主体共线锁针起针，挑起锁针的里山，按单罗纹针和下针编织制作。袖窿立起4针单罗纹针，第5针和第6减针编织。肩部做引返编织，休针。**前身片** 同后身片一样起针，按相同技法编织。领窝编织伏针和立起侧边1针减针。肩部休针。**组合** 肩部将前后身片正面相对对齐，做引拔接合。胁部做挑针缝合。衣领环形编织单罗纹针，编织终点对齐上下针，做伏针收针。

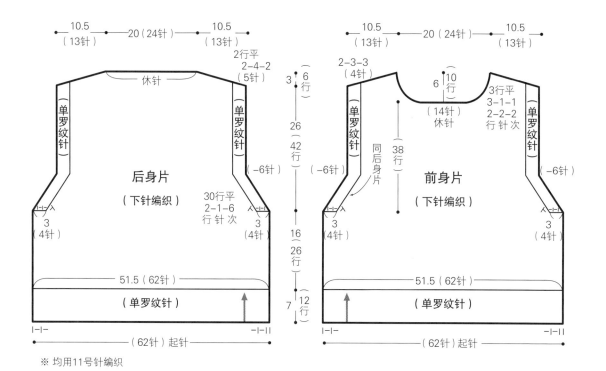

后身片 （下针编织）

前身片 （下针编织）

※ 均用11号针编织

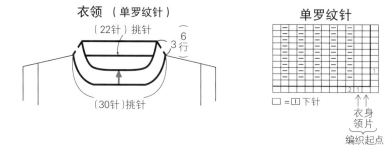

衣领 （单罗纹针）

单罗纹针

□ =□ 下针

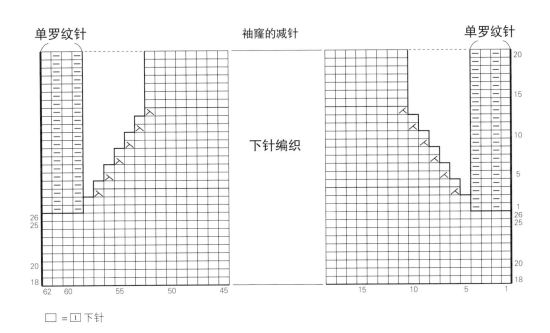

单罗纹针　　　　　　　袖窿的减针　　　　　　　单罗纹针

下针编织

□ = [I] 下针

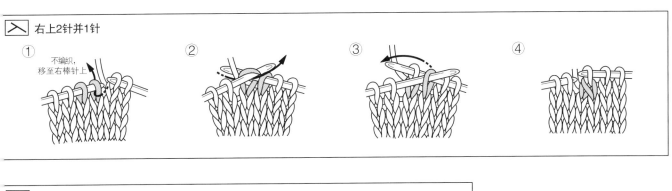

右上2针并1针

① 不编织，移至右棒针上　② ③ ④

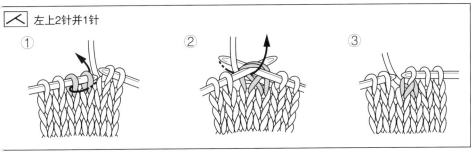

左上2针并1针

① ② ③

●**材料** Boboli(粗)绿色(437)320g/8团
●**工具** 棒针7号、6号
●**成品尺寸** 胸围100cm，衣长52cm，连肩袖长63cm
●**编织密度** 10cm×10cm 面积内：编织花样A 22针，28行；编织花样B 23.5针，22行
●**编织要点** **后身片** 手指挂线起针，按编织花样A直线编织，休针。**前身片** 同后身片一样起

针，按编织花样B直线编织。将符号图的反面作为正面使用。后领看着身片反面挑针，按编织花样A编织。**衣袖** 肩部对前身片肩部减针，同时做盖针接合，从前后身片挑针，按编织花样A编织。袖下立起侧边2针减针，编织终点的针目对齐上下针，做伏针收针。**组合** 胁部、袖下做挑针缝合。后领中央（●）做下针接合。后领和后身片（▲、△）做针和行的接合。

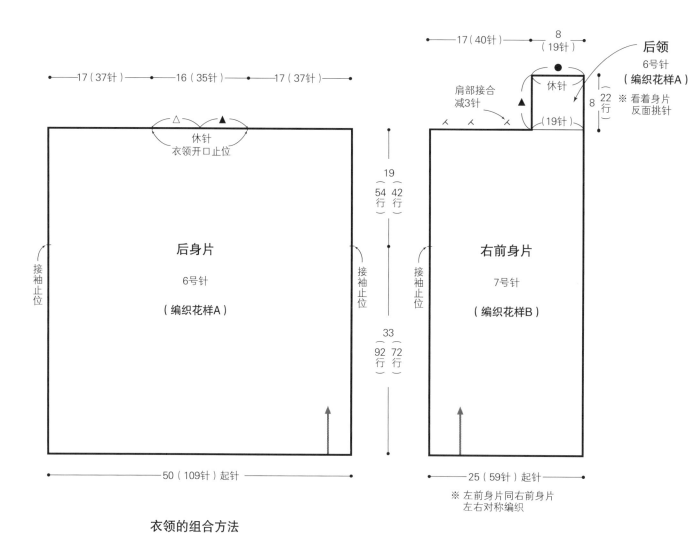

衣领的组合方法

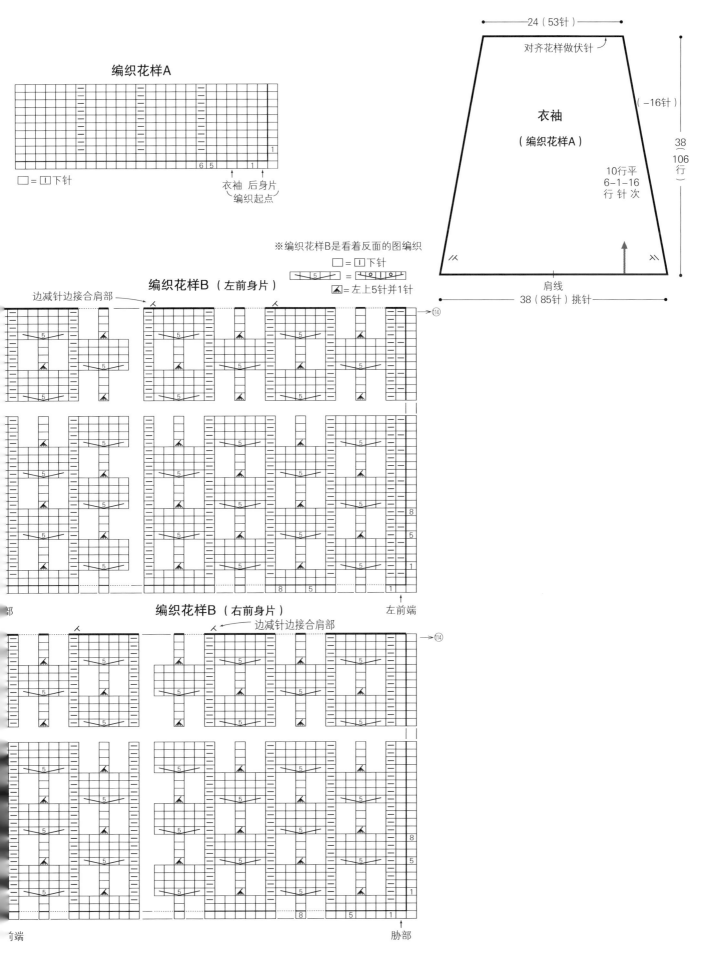

编织花样A

□ = □ 下针

衣袖　后身片
编织起点

※编织花样B是看着反面的图编织

□ = □ 下针

⬛ = 左上5针并1针

编织花样B（左前身片）

边减针边接合肩部

左前端

编织花样B（右前身片）

边减针边接合肩部

胁部

24（53针）

对齐花样做伏针

衣袖

（编织花样A）

（−16针）

38
106
行

10行平
6-1-16
行 针 次

肩线

38（85针）挑针

棒针编织的基础

挑针缝合

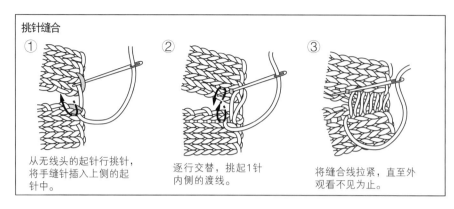

① 从无线头的起针行挑针，将手缝针插入上侧的起针中。

② 逐行交替，挑起1针内侧的渡线。

③ 将缝合线拉紧，直至外观看不见为止。

上针编织的挑针缝合

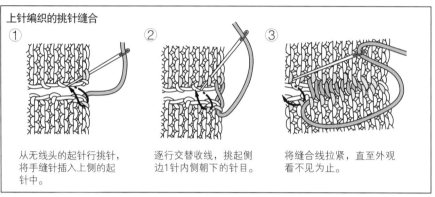

① 从无线头的起针行挑针，将手缝针插入上侧的起针中。

② 逐行交替收线，挑起侧边1针内侧朝下的针目。

③ 将缝合线拉紧，直至外观看不见为止。

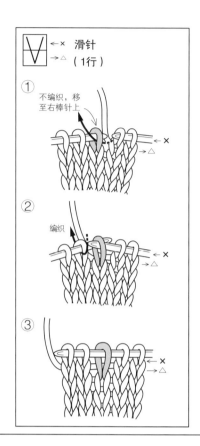

ⅤⅤ	←×	滑针
	→△	（1行）

① 不编织，移至右棒针上

② 编织

③

针和行的接合

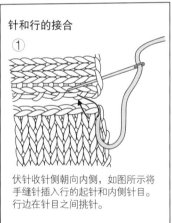

①

②

伏针收针侧朝向内侧，如图所示将手缝针插入行的起针和内侧针目。行边在针目之间挑针。

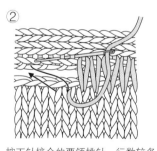

按下针接合的要领挑针，行数较多时，时而一次挑起2行进行调整。

下针接合

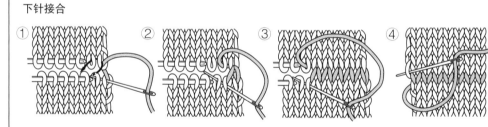

①　②　③　④

盖针接合（使用钩针）

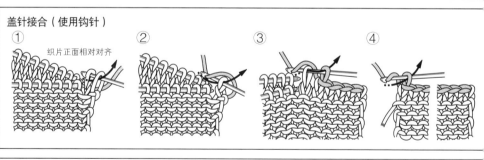

①　织片正面相对对齐　②　③　④

○ 挂针

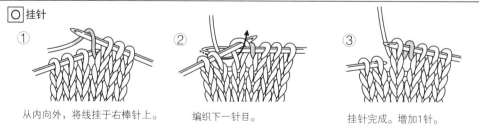

① 从内向外，将线挂于右棒针上。

② 编织下一针目。

③ 挂针完成。增加1针。

钩针编织的基础

锁针起针

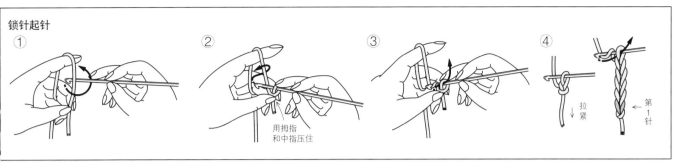

① ② 用拇指和中指压住 ③ ④ 拉紧 第1针

线环起针
（手指绕线方法）

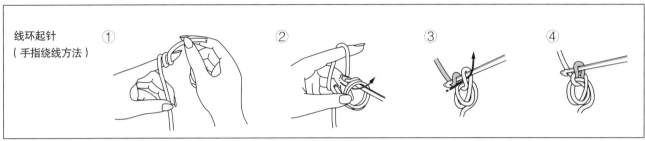

① ② ③ ④

渡线

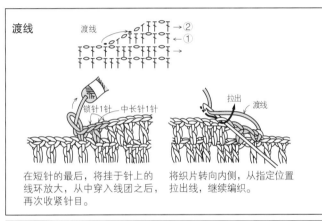

渡线 ② ① 锁针1针 中长针1针 拉出 渡线

在短针的最后，将挂于针上的线环放大，从中穿入线团之后，再次收紧针目。

将织片转向内侧，从指定位置拉出线，继续编织。

引拔针的锁针接合

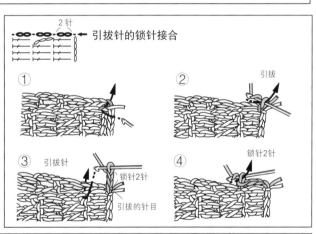

2针

① ② 引拔 ③ 引拔针 锁针2针 引拔的针目 ④ 锁针2针

卷针缝

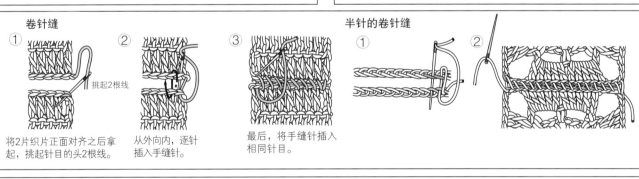

① 挑起2根线 ② ③

将2片织片正面对齐之后拿起，挑起针目的头2根线。

从外向内，逐针插入手缝针。

最后，将手缝针插入相同针目。

半针的卷针缝

① ②

✛ 短针的环编

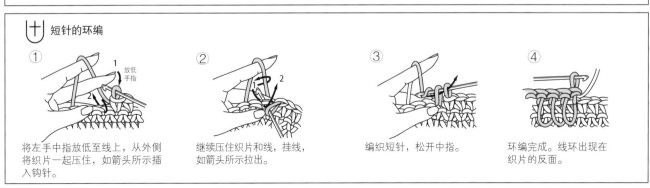

① 放低手指 1 ② 2 ③ ④

将左手中指放低至线上，从外侧将织片一起压住，如箭头所示插入钩针。

继续压住织片和线，挂线，如箭头所示拉出。

编织短针，松开中指。

环编完成。线环出现在织片的反面。

EUROPE NO TEAMI 2022 AKIFUYU（NV80725）

Copyright © NIHON VOGUE-SHA 2022 All rights reserved.

Photographers: Hironori Handa

Original Japanese edition published in Japan by NIHON VOGUE Corp.

Simplified Chinese translation rights arranged with BEIJING BAOKU INTERNATIONAL

CULTURAL DEVELOPMENT Co., Ltd.

备案号：豫著许可备字 -2022-A-0079

图书在版编目（CIP）数据

欧洲编织. 20，温暖舒适的编织 / 日本宝库社编著；普磊译. —郑州：河南科学技术出版社，2023.6（2024.2重印）

ISBN 978-7-5349-9918-5

Ⅰ．①欧… Ⅱ．①日… ②普… Ⅲ．①手工编织—图解 Ⅳ．①TS935.5-64

中国国家版本馆CIP数据核字（2023）第067106号

出版发行：河南科学技术出版社
　　　　　地址：郑州市郑东新区祥盛街27号　　邮编：450016
　　　　　电话：（0371）65737028　65788613
　　　　　网址：www.hnstp.cn
责任编辑：刘淑文
责任校对：王晓红
封面设计：张　伟
责任印制：张艳芳
印　　刷：北京盛通印刷股份有限公司
经　　销：全国新华书店
开　　本：889 mm×1 194 mm　1/16　印张：6　字数：200 千字
版　　次：2023年6月第1版　2024年2月第2次印刷
定　　价：49.00元